本書内容に関するお問い合わせについて

このたびは翔泳社の書籍をお買い上げいただき、誠にありがとうございます。弊社では、読者の皆様からのお問い合わせに適切に対応させていただくため、以下のガイドラインへのご協力をお願い致しております。下記項目をお読みいただき、手順に従ってお問い合わせください。

ご質問される前に

弊社 Web サイトの「正誤表」をご参照ください。これまでに判明した正誤や追加情報を掲載しています。

正誤表　https://www.shoeisha.co.jp/book/errata/

ご質問方法

弊社 Web サイトの「書籍に関するお問い合わせ」をご利用ください。

書籍に関するお問い合わせ　https://www.shoeisha.co.jp/book/qa/

インターネットをご利用でない場合は、FAX または郵便にて、下記"翔泳社 愛読者サービスセンター"までお問い合わせください。
電話でのご質問は、お受けしておりません。

回答について

回答は、ご質問いただいた手段によってご返事申し上げます。ご質問の内容によっては、回答に数日ないしはそれ以上の期間を要する場合があります。

ご質問に際してのご注意

本書の対象を超えるもの、記述個所を特定されないもの、また読者固有の環境に起因するご質問等にはお答えできませんので、予めご了承ください。

郵便物送付先および FAX 番号

送付先住所 〒 160-0006　東京都新宿区舟町 5
FAX 番号 03-5362-3818
宛先 （株）翔泳社 愛読者サービスセンター

はじめに

「Pythonの勉強を始めたばかりの初心者だけれど、次のステップとして何をすればいいかわからない」
「Pythonの基本はわかってきたけれど、もう少し実用的なプログラムを作ってみたい」

……などと感じておられる方は、たくさんいるのではないでしょうか。

　この本は、そうしたPython初心者の方が、次のステップとしてデータ分析に挑戦するための本です。

　『Python2年生 スクレイピングのしくみ』では、「ネット上からいろいろな形式のデータを集めてきたり、読み込んだりするしくみや方法」について解説しました。

　この本では、「その集めてきたデータを、どのように考えていけばいいのか」について解説していきます。標準偏差ってどう使うの？　正規分布ってどういうこと？　などについて、数式を使わず、Pythonでやさしく解説していきます。
　この本は、『Python2年生 スクレイピングのしくみ』を読んでいなくてもわかるように書いています。しかし、読んでいればデータを集めるところから具体的にイメージしやすくなります。やさしさは同じぐらいなので、『2年生』です。

　データ分析とは、データを集めて、問題を解決するための技術です。難しい計算はPythonに任せてしまい、私たちは「問題を解決する方法」にしっかり目を向けて考えていきましょう。

　この本でPythonで行うデータ分析の手軽さや便利さに触れて、データ分析に挑戦するきっかけになれば幸いです。

2024年6月吉日

森 巧尚

もくじ

第1章 データ分析って何？

第2章 集めたデータは前処理が必要

第3章　データの集まりをひとことでいうと？：代表値

第4章　図で特徴をイメージしよう：グラフ

第5章 これって普通なこと？ 珍しいこと？：正規分布

第6章 関係から予測しよう：回帰分析

本書のサンプルのテスト環境

本書のサンプルは以下の環境で、問題なく動作することを確認しています。

OS：macOS
OSバージョン：14.3（Sonoma）
CPU：M1（Apple Silicon）／
　　　Intel
Anaconda：Anaconda3-2024.
　　　02-1-MacOSX-arm
　　　64.pkg／
　　　Anaconda3-2024.
　　　02-1-MacOSX-x86
　　　_64.pkg
Jupyter Notebook：7.0.8
Pythonバージョン：3.11.7
各種ライブラリとバージョン
　pandas：2.1.4
　numpy：1.26.4
　matplotlib：3.8.0
　seaborn：0.12.2
　scipy：1.11.4

OS：Windows
OSバージョン：11
CPU：Intel core i7
Anaconda：Anaconda3-
　　　2024.02-1-
　　　Windows-
　　　x86_64.exe
Jupyter Notebook：7.0.8
Pythonバージョン：3.11.7
各種ライブラリとバージョン
　pandas：2.1.4
　numpy：1.26.4
　matplotlib：3.8.0
　seaborn：0.12.2
　scipy:1.11.4

OS：Windows 11/macOS14.3
　　　（Sonoma）
ブラウザ：Microsoft Edge
　　　（Windows）／
　　　Safari（macOS）
Google Colaboratory Notebook
（Colab Notebook）※
Pythonバージョン：3.10.12
各種ライブラリとバージョン
　pandas：2.0.3
　numpy：1.25.2
　matplotlib：3.7.1
　seaborn：0.13.1
　scipy：1.11.4

※2024年5月時点のバージョン

本書の対象読者と2年生シリーズについて

本書の対象読者

　本書はデータ分析にこれからかかわる方に向けた入門書です。会話形式で、データ分析のしくみを理解できます。初めての方でも安心してデータ分析の世界に飛び込むことができます。

　　・**Python**の基本文法は知っている方（『**Python1年生**』を読み終えた方）
　　・データ分析の手法を知りたい初心者
　　・データの可視化や予測方法を知りたい初心者

2年生シリーズについて

　2年生シリーズは、1年生シリーズを読み終えた方を対象とした入門書です。ある程度、技術的なことを盛り込み、本書で扱う技術について身につけてもらいます。簡潔にまとめると以下の3つの特徴があります。

ポイント❶　基礎知識がわかる

　章の冒頭には漫画やイラストを入れて各章でまなぶことに触れています。冒頭以降は、イラストを織り交ぜつつ、基礎知識について説明しています。

ポイント❷　プログラムのしくみがわかる

　必要最低限の文法をピックアップして解説しています。途中で学習がつまずかないよう、会話を主体にして、わかりやすく解説しています。

ポイント❸　開発体験ができる

　初めてデータ分析をまなぶ方に向けて、楽しく学習できるよう工夫したサンプルを用意しています。

ヤギ博士

フタバちゃん

本書の読み方

　本書は、初めての方でも安心してデータ分析の世界に飛び込んで、つまずくことなく学習できるよう、さまざまな工夫をしています。

ヤギ博士とフタバちゃんの
ほのぼの漫画で章の概要を説明

各章で何をまなぶのかを漫画で説明します。

この章で具体的にまなぶことが、
一目でわかる

該当する章でまなぶことを、イラストでわかりやすく紹介します。

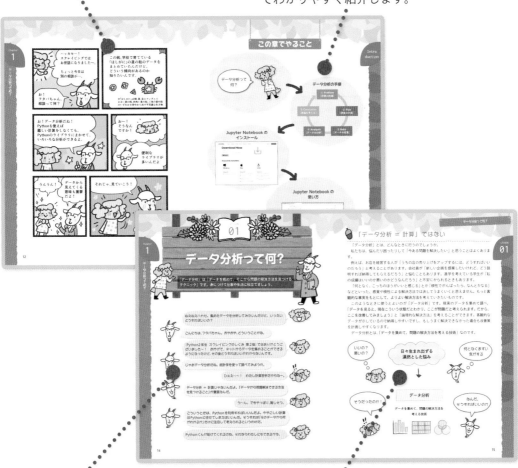

会話形式で解説

ヤギ博士とフタバちゃんの会話を主体にして、概要やサンプルについて楽しく解説します。

イラストで説明

難しい言いまわしや説明をせずに、イラストを多く利用して、丁寧に解説します。

付属データと特典データのダウンロードについて

付属データのご案内

付属データ（本書記載のサンプルコード）は、以下のサイトからダウンロードできます。

- **付属データのダウンロードサイト**

  URL https://www.shoeisha.co.jp/book/download/9784798182629

注意

付属データに関する権利は著者および株式会社翔泳社が所有しています。許可なく配布したり、Webサイトに転載することはできません。付属データの提供は予告なく終了することがあります。あらかじめご了承ください。図書館利用者の方もダウンロード可能です。

会員特典データのご案内

会員特典データは、以下のサイトからダウンロードして入手いただけます。

- **会員特典データのダウンロードサイト**

  URL https://www.shoeisha.co.jp/book/present/9784798182629

注意

会員特典データのダウンロードには、SHOEISHA iD（翔泳社が運営する無料の会員制度）への会員登録が必要です。詳しくは、Webサイトをご覧ください。

会員特典データに関する権利は著者および株式会社翔泳社が所有しています。

許可なく配布したり、Webサイトに転載することはできません。

会員特典データの提供は予告なく終了することがあります。あらかじめご了承ください。

図書館利用者の方もダウンロード可能です。

免責事項

付属データおよび会員特典データの記載内容は、2024年5月現在の法令等に基づいています。

付属データおよび会員特典データに記載されたURL等は予告なく変更される場合があります。

付属データおよび会員特典データの提供にあたっては正確な記述につとめましたが、著者や出版社などのいずれも、その内容に対してなんらかの保証をするものではなく、内容やサンプルに基づくいかなる運用結果に関してもいっさいの責任を負いません。

付属データおよび会員特典データに記載されている会社名、製品名はそれぞれ各社の商標および登録商標です。

著作権等について

付属データおよび会員特典データの著作権は、著者および株式会社翔泳社が所有しています。個人で使用する以外に利用することはできません。許可なくネットワークを通じて配布を行うこともできません。個人的に使用する場合は、ソースコードの改変や流用は自由です。商用利用に関しては、株式会社翔泳社へご一報ください。

2024年5月

株式会社翔泳社　編集部

第1章
データ分析って何？

この章でやること

データ分析って
何？

データ分析の手順

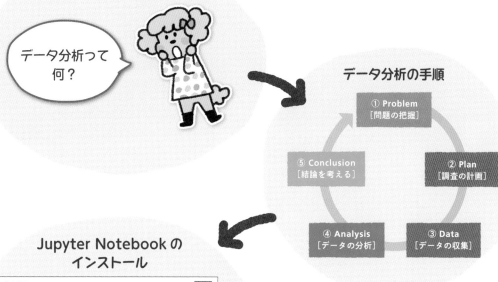

① Problem
[問題の把握]

② Plan
[調査の計画]

③ Data
[データの収集]

④ Analysis
[データの分析]

⑤ Conclusion
[結論を考える]

Jupyter Notebook の
インストール

Jupyter Notebook の
使い方

13

LESSON
01

データ分析って何？

「データ分析」は「データを眺めて、そこから問題の解決方法を見つける
テクニック」です。身につけて仕事や生活に役立てましょう。

ねえねえハカセ。集めたデータを分析してみたいんだけど、いったい
どうすればいいの？

こんにちは、フタバちゃん。おやおや、どういうことかな。

『Python2年生　スクレイピングのしくみ　第2版』ではありがとうご
ざいました〜！　おかげで、ネットからデータを集めることができる
ようになったけど、その後どうすればいいかわからないんです。

じゃあデータ分析だね。統計学を使って調べてみようか。

ひえぇ〜〜！　わたし計算苦手だからなー。

データ分析 ＝ 計算じゃないんだよ。「データから問題解決できる方法
を見つけること」が重要なんだ。

う〜ん。でもやっぱり、難しそう。

こういうときは、Pythonを利用すればいいんだよ。ややこしい計算
はPythonに任せてしまえばいいんだ。そうすれば「そのデータから何
がわかるか」だけに注目して考えられるというわけだ。

Pythonくんが助けてくれるのね。それならわたしにもできるかな。

「データ分析 = 計算」ではない

「データ分析」とは、どんなときに行うのでしょうか。

私たちは、悩んだり困ったりして「今ある問題を解決したい」と思うことはよくあります。

例えば、お店を経営する人が「うちの店の売り上げをアップするには、どうすればいいのだろう」と考えることがあります。会社員が「新しい企画を提案したいけれど、どう説明すれば納得してもらえるだろう」と悩むこともあります。進学を考えている学生が「私の成績はいいのか悪いのかどうなんだろう」と不安にかられるときもあります。

「何となく、こっちのほうがいいと感じる」とか「根性でがんばったら、なんとかなる」などといった、感覚や根性による解決方法では決してうまくいくと思えません。もっと客観的な事実をもとにして、よりよい解決方法を考えていきたいものです。

このようなときに使うとよいのが「データ分析」です。現実のデータを集めて調べ、「データを見ると、現在こういう状態だとわかり、ここが問題だと考えられます。だから、ここを改善してみましょう」と「論理的な解決方法」を考えることができます。客観的なデータが示しているので納得しやすいですし、もしうまく解決できなかった場合も改善策を計画しやすくなります。

データ分析とは、「データを集めて、問題の解決方法を考える技術」なのです。

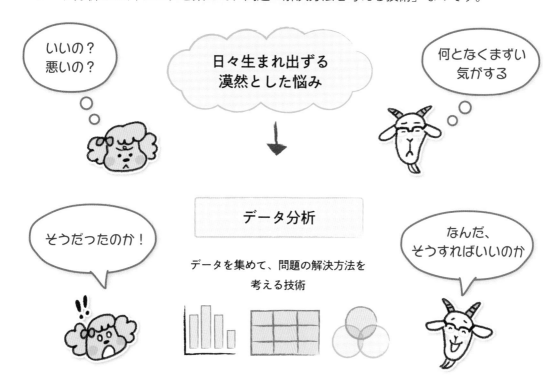

　データ分析をするときはデータを大量に扱います。しかし、人間の能力には限界があるので、大量なデータをそのまま眺めていてもなかなか理解はできません。そういうとき人間を助けるために登場するのが、「統計学」なのです。統計学とは、ひとことでいうと「大量のデータから傾向を見つけ出して、法則を発見するための技術」です。つまり、大量のデータから、特徴を見つけて現在どういう状態なのかを理解したり、その法則から今後どのようになるだろうと予測したりできるのです。ただ、このとき難しそうな計算式が使われたりするので「データ分析＝難しい計算」というイメージに結びついているようです。

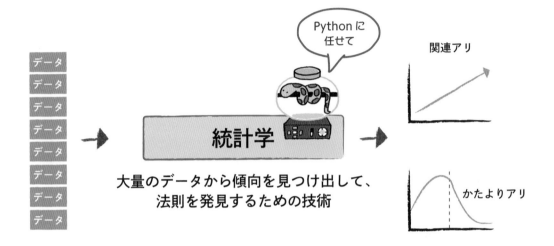

　ですが、統計学で使われる計算式は、今では確立されているので、いちいち「手計算」で行う必要はありません。多くの計算は人間の代わりにExcelがやってくれていますし、プログラミング言語には統計のライブラリがたくさん用意されています。特にPythonはデータ分析が得意なので、統計処理やグラフ表示のライブラリが充実しています。

　計算が苦手でも、Pythonのライブラリを利用すればデータ分析を行うことができるのです。重要なのは「どんなデータを入れたら、どんな処理が行われて、どんな結果が返ってくるのか」という意味の理解です。

　ですので本書では、計算式を使った手計算は行わず、「Pythonのライブラリを使って、データ分析を行う方法」について解説していきたいと思います。

　データ分析で必要なのは、計算式を解く力ではなく、データから推理する力と、分析結果を使って説明できる力 なのです。

データ分析の手順： PPDACサイクル

データ分析の手順の中で、わかりやすくて使いやすい「PPDACサイクル」について見てみましょう。

データ分析には「手順」があるんだよ。

手順？

いきなり適当なデータを持ってきて分析しても、いい結果が出ないことは予想できるよね。

うん。ちゃんと考えないといけないんだろうなあとは思うよ。でも、どうすればいいかよくわからないよ。

そういうときに、手順は便利なんだ。手順にしたがって少しずつ考えていくことで、分析ができてくるんだ。

それはうれしい。よくわかってないわたしにこそ必要だね。

　データ分析を行うときに、便利な手順はいくつかあります。その中の、実用的で誰でも使いやすい「PPDACサイクル」を見てみましょう。小学校の教科書にも載っている方法です。

PPDAC サイクル

① **Problem** ［問題の把握］
② **Plan** ［調査の計画］
③ **Data** ［データの収集］
④ **Analysis** ［データの分析］
⑤ **Conclusion** ［結論を考える］

ぴーぴーでぃーえーしー？？

以下の5つの手順で進めていきます。

1. Problem ［問題の把握］：なぜ分析をするのか？

最初に、「何が問題で、何のためにデータ分析するのか」をはっきりさせます。問題があいまいなまま、データ分析を行っても、あいまいな結果しか出てこないですからね。

問題を明確にして、仮説を立てます。そうすることで、何を調べていけばいいかが見えてきます。

- 問題を明確にする：この件は、何が問題だろう？
- 仮説を立てる：その原因として、どのあたりが怪しいと考えられるだろう？

2. Plan ［調査の計画］：どうやって調査するのか？

次は、「どんなデータが必要で、どんな方法で集めればいいか」を考えます。

どのあたりが怪しいかの仮説を立てたら、それを調べるために具体的にどんなデータが必要かを考えます。

さらに、そのデータをどのように集めるかも考えます。アンケートを行うのか、すでにあるデータの中から探すのか、データを手に入れる方法を考えます。

- データを想定する：どんなデータが必要だろう？
- 収集計画を立てる：どんな方法でデータを集めればいいだろう？

3. Data ［データの収集］：データを収集する。

調査の計画ができたら、データを収集します。これで必要なデータが手に入ります。このとき、コンピュータに入力して、すぐ分析できるように準備します。

- データを用意する：コンピュータで使えるデータで用意する。
- このデータで大丈夫か調べる：データに欠陥はないか？

4. Analysis［データの分析］：データを分析する。

　いよいよデータ分析を行います。データを、要約して現在どういう状態なのかを理解したり、傾向を見て今後どのようになるだろうと予測したり、それを理解しやすいようにグラフ化したりします。これには、Pythonが大活躍です。命令を実行するだけですぐに結果を出してくれます。

- データを要約して現状を把握する：**代表値、標準偏差**
- データの傾向や、法則を見る：**相関関係、回帰分析**

5. Conclusion［結論］：結論を考える。

　最後に、結論を導き出します。「集めたデータを見ると、現在こういう状態だとわかり、ここが問題だと考えられます。だから、ここを改善してみましょう」と「人が実行できる結論」までを考えます。この結論があるから、実際に問題を解決したり、人を説得したりできるのです。

　とはいうものの、この5つの手順で必ず問題が解決するとは限りません。うまく解決できないことも起こります。もしそうなったら、そのときはもう一度「① 問題の把握（Problem）」へ戻って、「何が悪かったんだろう」とさらに深く考えていきます。
　このようにループして進めていくことを「PPDACサイクル（Problem、Plan、Data、Analysis、Conclusion）」といいます。データ分析は、このPPDACサイクルで行っていくことで、問題を解決していくのです。

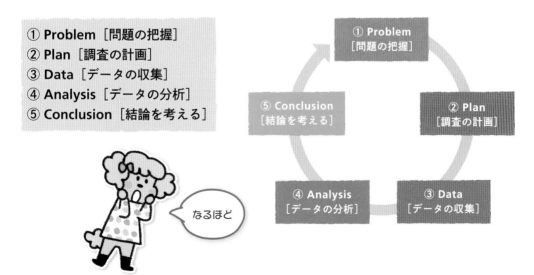

① **Problem**［問題の把握］
② **Plan**［調査の計画］
③ **Data**［データの収集］
④ **Analysis**［データの分析］
⑤ **Conclusion**［結論を考える］

なるほど

① **Problem**
［問題の把握］

② **Plan**
［調査の計画］

③ **Data**
［データの収集］

④ **Analysis**
［データの分析］

⑤ **Conclusion**
［結論を考える］

Notebookの準備をしよう

データ分析は、**Google Colab Notebook** や、**Jupyter Notebook** を使うと、少しずつ試しながら実行できるので便利です。その準備をしましょう。

ハカセっ。Pythonでデータ分析をするときは、どんな準備が必要なの？

Pythonの環境には、IDLEやVisual Studio Codeなどがあるけど、データ分析には、Notebook方式の環境が適しているよ。Jupyter Notebook（ジュピターノートブック）やGoogleのColab Notebook（コラボノートブック）などがある。

ノートブック？

Pythonの環境には、IDLEやVisual Studio Codeなどがあるけど、データ分析には、Notebook方式の環境が適しているよ。Jupyter

データ分析の長いプログラムを「少しずつ書いて少しずつ実行していく環境」なんだ。1枚のページでできていて、プログラムを少し書いて実行すると、そのプログラムの下に実行結果が表示される。さらにその下に続きのプログラムを書いていく。このように少しずつ試して考えながら進めることができるので、データ分析に適した環境なんだ。

おもしろそう。使ってみたいなあ。

Jupyter Notebookは、パソコンにインストールすれば使えるよ。でもインストールせずにすぐ使いたいなら、Google Colaboratory（コラボラトリー）のColab Notebookがあるよ。Googleのアカウントがあれば、すぐに使えるんだ。

そんなのがあるの！

Colab Notebookは、Jupyter Notebookとほとんど同じように使える。しかも、データ分析でよく使うライブラリはすでにインストール済みなんだ。グラフの中で日本語を表示するのが苦手なんだけど、それも少しの命令で使えるようになる。その方法は解説するよ。

なんと！

じゃあ、Colab NotebookとJupyter Notebookについて解説していくね。

　Colab NotebookやJupyter Notebookは、プログラムを書いて実行すると、実行結果がすぐ下に表示されます。また、テキストでメモを書き足すこともできるので、「実行の様子をノートのように書いて残せるシステム」なのです。入力や表示には「ブラウザ」を使います。

Colab Notebookを準備する方法

　Google Colaboratory（Colab Notebook）を使うには、Googleアカウントが必要です。まずは、Googleアカウントを作ってください。使うブラウザにはChromeが推奨されています。Safariや、Firefoxでも一応動くようです。

　保存したデータは、クラウド上のGoogleドライブに保存されますので、同じGoogleアカウントでログインすれば、別のパソコンやiPadなどで続きの作業を行うことも可能です。

① Google Colaboratoryにアクセスする

　ブラウザ（Chrome、Safari、Firefox）で、以下のアドレスにアクセスしてください。

- **https://colab.research.google.com/**

　ノートブックのダイアログが表示されます。ここから、❶［+ ノートブックを新規作成］をクリックしてノートブックの新規作成をしたり、❷以前作ったノートブックを開いたりすることができます。

Googleアカウントでログインしていない場合は、「Colaboratoryへようこそ」というノートブックが表示されます。右上の❶［ログイン］ボタンをクリックして、ログインしてください。

② ノートブックファイルを新規作成する

ノートブックのダイアログの下の❶「＋ ノートブックを新規作成」をクリックすると、❷新しいノートブックが作成されて、表示されます。

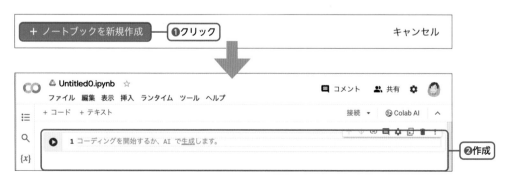

③ ノートブックファイルの名前を変更する

画面左上の「Untitled1.ipynb」が、ノートブックのファイル名です。❶クリックすると変更できますので、「test1.ipynb」などのわかりやすい名前に変更しましょう。

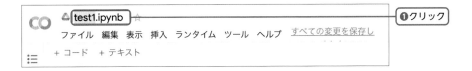

以上で、準備は終了です。

Google Colaboratory（Colab Notebook）では、本書で使うライブラリ（pandas、numpy、matplotlib、seaborn、scipy）は、すでにインストール済みですので、このまますぐに使えます。36ページの「ノートブックの基本的な使い方」へ進んでください。

インストールされているライブラリを確認したいときは、セル（35ページ）に「!pip list」と入力して実行してください。

Python環境の違い

Python環境	特徴
IDLE	Pythonを手軽に試せるアプリ。Pythonをインストールすると、一緒にインストールされるPythonの付属アプリ。小さなプログラムファイルを作って実行するのに適している。
Jupyter Notebook	Anaconda（23〜29ページ参照）をインストールして、ブラウザ上でPythonを実行できるシステム。データ分析や人工知能などの開発に適している。パソコンにインストールされているのでオフラインでも使える。
Google Colaboratory (Colab Notebook)	Googleアカウントでログインして、ブラウザ上でPythonを実行できるシステム。インストール不要で使える。データ分析や人工知能などの開発に適している。Googleアカウントでログインすれば、別のパソコンやiPadなどで開発の続きを行うことも可能。クラウド上で動くシステムなので、ネットワークにつながっている必要がある。

WindowsにJupyter Notebookをインストールする

Jupyter Notebook（ジュピターノートブック）は、Anaconda Navigator（アナコンダナビゲーター）から起動して動かします。なのでまずは、Anaconda NavigatorをWindowsにインストールしましょう。次のような手順で行います。

① Anacondaのインストーラーをダウンロードする

まず、Anacondaのサイトから、インストーラーをダウンロードします。

Windows上のブラウザでダウンロードページにアクセスして❶［Download］ボタンをクリックしてください。

＜Anacondaのダウンロードページ＞

https://www.anaconda.com/download/success

※上記のブラウザは Microsoft Edge を利用しています。

> **MEMO**
>
> ### 過去のAnacondaのバージョンをダウンロードするには
>
> 過去の Anaconda のバージョンは、以下のサイトからダウンロードできます。Anaconda のバージョンアップにより、本書で利用しているバージョンをダウンロードできない場合は、こちらからダウンロードしてください。
>
> https://repo.anaconda.com/archive/

② インストーラーを実行する

ダウンロードが完了したら、❶［ファイルを開く］をクリックします。すると、［Anaconda3-20xx.xx-Windows-x86_64.exe］が起動します。なお本書では「Anaconda3-2024.02-1-Windows-x86_64.exe」を利用しています。

※インストーラーの xx の部分はバージョンによって異なります。

③ インストーラーの項目をチェックする

インストーラーの起動画面が現れます。各画面の❶［Next >］❷［I Agree］❸［Next >］❹［Next >］❺［Install］の各ボタンを順にクリックして、インストールを進めます。

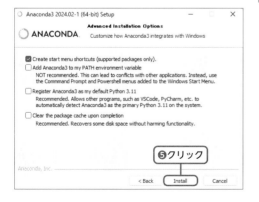

④ インストーラーを終了する

インストールが完了したら「Installation Complete」と表示されます。❶［Next >］ボタンをクリックし、❷［Next >］ボタンをクリックし、❸［Finish］ボタンをクリックして、インストーラーを終了しましょう。

インストールできたわ！

 # macOSにJupyter Notebookをインストールする

Jupyter Notebook（ジュピターノートブック）は、Anaconda Navigator（アナコンダナビゲーター）から起動して動かします。なのでまずは、Anaconda NavigatorをmacOSにインストールしましょう。次のような手順で行います。

① Anacondaのインストーラーをダウンロードする

まず、Anacondaのサイトから、インストーラーをダウンロードします。

macOS上のブラウザでダウンロードページにアクセスして、❶［Download for Mac］ボタンをクリックし、❷Macの種類（Intelか、Apple Siliconか）を選択してください。

＜Anacondaのダウンロードページ＞
https://www.anaconda.com/download/success

macOS も
あるのね！

※上記のブラウザは Safari を利用しています。

② インストーラーを実行する

ダウンロードしたインストーラー❶［Anaconda3-20xx.xx-MacOSX-xx64.pkg］（Apple Siliconの場合は末尾arm64.pkg、Intelの場合は末尾x86_64.pkgになります）をダブルクリックして実行しましょう。なお本書では「Anaconda3-2024.02-1-MacOSX-arm64.pkg」および「Anaconda3-2024.02-1-MacOSX-x86_64.pkg」を利用しています。

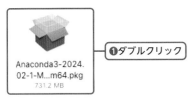

※インストーラーの xx の部分はバージョンによって異なります。

③ インストールを進める

「はじめに」「大切な情報」「使用許諾契約」の画面で❶❷❸［続ける］ボタンをクリックします。同意のダイアログで❹［同意する］ボタンをクリックして、❺［続ける］ボタンをクリックします。

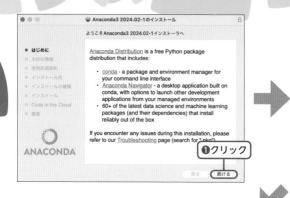

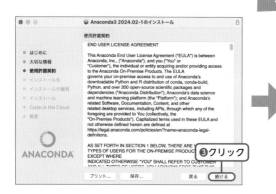

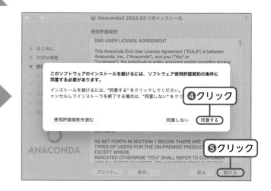

④ macOSへインストールする

　❶［このコンピュータのすべてのユーザ用にインストール］を選択して❷［続ける］ボタンをクリックし、❸［インストール］ボタンをクリックし、❹［インストーラ］ダイアログでパスワードを入力して、❺［ソフトウェアをインストール］をクリックしてインストールを行います。最後に❻［続ける］ボタンをクリックして、❼［閉じる］ボタンをクリックし、インストーラーを終了します。

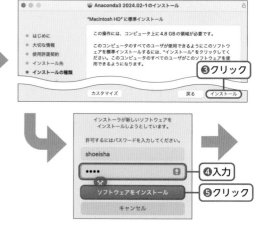

 ## Anaconda Navigatorを表示する

しばらくすると「Data」というダイアログが表示されます。クラウドのデータを使う必要がないので、❶右上の［×］をクリックしてこのウィンドウは閉じてかまいません。すると、❷Anaconda Navigatorが表示されます。なおAnaconda Navigatorを表示する時、［Update Application］ダイアログが出る場合がありますが、本書ではそのダイアログで［No, don't show again］をクリックしてインストール時のバージョンを利用しています。

 ## Jupyter Notebookにライブラリをインストールする

Anaconda Navigatorを使ってインストールした場合、Jupyter Notebookはデータ分析や機械学習に必要な多くのライブラリ（pandas、numpy、matplotlib、seaborn、scipyなど）がプリインストールされた状態になっていますので、基本的にそのまますぐに使えます。

ただし、最新環境をインストールせずに古い環境をお使いの場合は、ライブラリがインストールされていない場合があります。その場合は以下の手順でライブラリをインストールしてください。通常は不要です。

① Environmentsを選択する

まず、Anaconda Navigatorで❶［Environments］を選択します。

※本書では「base(root)」の環境にライブラリをインストールします。

② pandas（パンダス）をインストールする

❶［All］を選択してから、❷検索窓に「pandas」と入力すると、「pandas」の項目が表示されます。❸［pandas］にチェックを付けて、右下の❹［Apply］ボタンをクリックし、現れる確認ダイアログでも❺［Apply］ボタンをクリックすると、インストールされます。

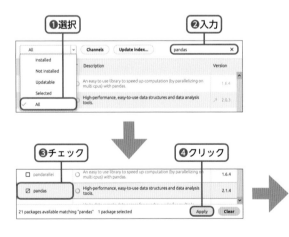

③ numpy（ナンパイ）をインストールする

同じように、検索窓で「numpy」と入力して表示されるリストで「numpy」にチェックを付けて、［Apply］ボタンをクリックしてインストールします。

LESSON
03

| ☑ | numpy· | ◯ | Array processing for numbers, strings, records, and objects. | 1.26.4 |

④ matplotlib（マットプロットリブ）をインストールする

同じように、検索窓で「matplotlib」と入力して表示されるリストで「matplotlib」に
チェックを付けて、［Apply］ボタンをクリックしてインストールします。

| ☑ | matplotlib | ◯ | Publication quality figures in python | 3.8.0 |

⑤ seaborn（シーボーン）をインストールする

同じように、検索窓で「seaborn」と入力して表示されるリストで「seaborn」にチェッ
クを付けて、［Apply］ボタンをクリックしてインストールします。

| ☑ | seaborn | ◯ | Statistical data visualization | 0.12.2 |

⑥ scipy（サイパイ）をインストールする

同じように、検索窓で「scipy」と入力して表示されるリストで「scipy」にチェックを付
けて、［Apply］ボタンをクリックしてインストールします。

| ☑ | scipy | ◯ | Scientific library for python | 1.11.4 |

Jupyter Notebookを起動しよう

Jupyter Notebookを使うには、まずAnaconda Navigatorを起動して、そこから起動します。

①-1 Windowsではスタートメニューから起動する

❶検索窓に「Anaconda Navigator」と入力して、❷［Anaconda Navigator］を選択します。

①-2 macOSでは［アプリケーション］フォルダから起動する

［アプリケーション］フォルダの中の❶［Anaconda-Navigator.app］をダブルクリックします。

② Jupyter Notebookを起動する

Anaconda Navigatorが起動したら、❶［Home］が選択されていることを確認して、Jupyter Notebookの❷［Launch］ボタンをクリックします。すると「ブラウザ」※が起動して、Jupyter Notebookの画面が表示されます。

※ Jupyter Notebook は、デフォルトに設定しているブラウザが起動して開きます。

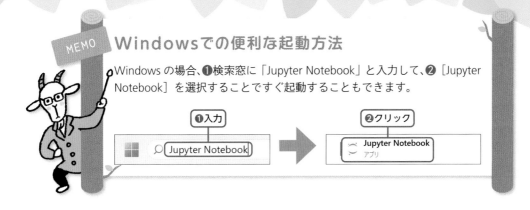

Windowsでの便利な起動方法

Windows の場合、❶検索窓に「Jupyter Notebook」と入力して、❷ ［Jupyter Notebook］ を選択することですぐ起動することもできます。

③ 作業を行うフォルダを選択する

Jupyter Notebookの画面には、利用しているパソコンのユーザのフォルダが表示されます。

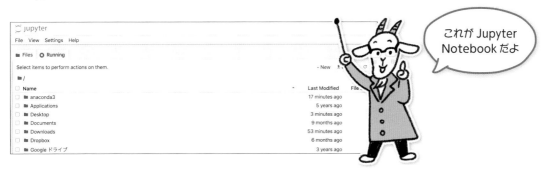

これが Jupyter
Notebook だよ

少し違う表示になる場合

古いバージョンでは少し違う表示ですが、使い方は基本的に同じです。

専用のフォルダを作り、そこにファイルを作成していきましょう。すでにフォルダがある場合はそれを選択してください。

フォルダは、Jupyter Notebook上からも作ることができます。右上のメニューから❶[New]→❷[New Folder]を選択すると、「Untitled Folder」というフォルダが作られます。

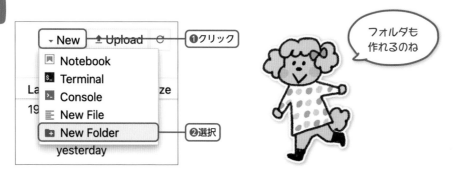

フォルダ名を変更したい場合、名前の入力ができる状態であればそのまま入力します。

そうでない場合は、左の❸チェックボックスをクリックしてチェックを入れ、左上にある❹[Rename]をクリックして、フォルダ名を❺「JupyterNotebook」などわかりやすい名前に変更しましょう。変更したら、[Enter]キーを押して確定します。

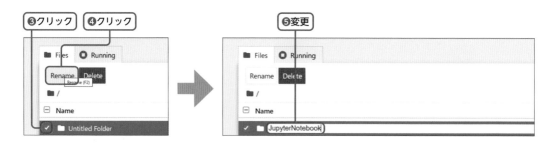

できた❻フォルダ名(ここでは「JupyterNotebook」)をクリックすると、❼ブラウザ上でフォルダが開きます。

④ Python3の新規ノートブックを作る

　フォルダの中は空っぽなので、新しくPythonのノートブックを作りましょう。

　右上のメニューから❶［New］→❷［Notebook］を選択すると、「Select Kernel」のダイアログが出るので、❸「Python 3(ipykernel)」を選択して、❹「Select」をクリックします。Pythonの新規ノートブックが作られて、❺セルが表示されます。このノートブックにプログラムを書いて実行させていきます。

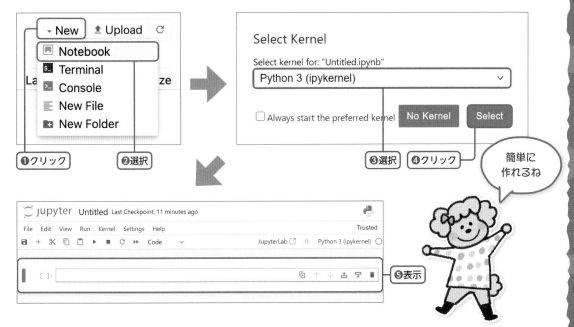

　新しく作ったノートブックは「Untitled」という名前になっています。ファイル名を変更したいときは、画面上部の❶「Untitled」をクリックするとダイアログが現れるので、❷変更しましょう。例えば「test1」と入力し、❸［Rename］ボタンをクリックします。

ノートブックの基本的な使い方

Colab NotebookとJupyter Notebookは、ほぼ同じように使えます。基本的な使い方を理解しましょう。

ノートブックでは、「セル」という四角い枠にプログラムを入力します。実行すると、出力結果は、セルのすぐ下に表示されます。続きのプログラムは、その下にセルを追加して入力していくことができます。長いプログラムを分けて入力&実行していけるので、データ分析や人工知能のような「途中経過を確認して考えながら進めたい処理」に向いています。

① セルにプログラムを入力する

四角い枠が「セル」です。ここにPythonのプログラムを入力します。
リスト1.1のように入力してみましょう。

【入力プログラム】リスト1.1

```
print("Hello")
```

Colab Notebook

Jupyter Notebook

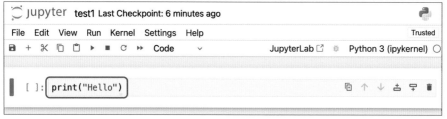

② セルを実行する

Colab Notebookでは❶セルの左にある ［▷］ ボタンを、Jupyter Notebookでは❶ ［Run］ ボタンをクリックすると、「選択されているセル」が実行され、すぐ下に結果が表示されます。または、 Ctrl キーを押しながら Enter キーを押しても実行されます。

出力結果

Colab Notebook

Jupyter Notebook

※ Jupyter Notebook ではセルの左が［1］に変わります。この番号は「このページが開いてからセルが何番目に実行されたか」
を表していて、実行するたびに増えていきます。
※ Colab Notebook は、最初［Run］ボタンをクリックしたとき少し時間がかかることがあります。

③ 新しいセルを追加する

Colab Notebookでは❶［+コード］ボタンを、Jupyter Notebookでは❶［+］ボタンを
クリックすると、新しいセルが下に追加されます。

Colab Notebook

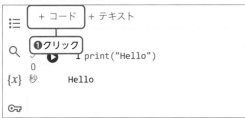

Jupyter Notebook

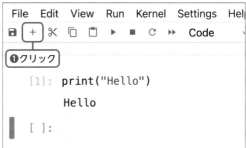

④ セルにプログラムを入力して実行する

リスト1.2のグラフを表示するプログラムを入力して、Colab Notebookではセルの左にあ
る［▷］ボタンを、Jupyter Notebookでは［Run］ボタンをクリックして実行しましょう。

【入力プログラム】リスト1.2

```python
import matplotlib.pyplot as plt
plt.plot([0,2,1,3])
plt.show()
```

出力結果

Colab Notebook

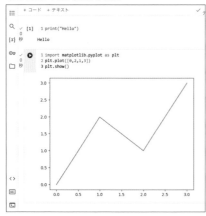

Jupyter Notebook

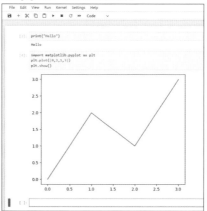

⑤ ノートブックを保存する

　ノートブックを保存するには、Colab Notebookではメニューから❶［ファイル］→❷
［保存］を選択します。Jupyter Notebookでは、メニューから❶［File］→❷［Save Notebook］
を選択します。保存ができれば、ノートブックのページを閉じても、次回また続きを行う
ことができます。

Colab Notebook

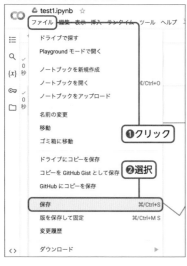

Jupyter Notebook

第2章
集めたデータは前処理が必要

8/4	四角い星の粒
8/5	
8/6	三角の星の粒
8/7	

いきもの係の当番の人が
休んだ日なんです。

データを
見ているんだけど、
ところどころ
記録できていない部分が
あるんだよねぇ。

うん？
どれどれ。
たしかに
そうだね。

それはしょうがないね。
そんなときは、
きちんとデータをそろえて
おかないといけないんだ。

それを「前処理」と
呼んでいるよ。

前処理

まえしょり？
前もってデータを
きちんとしておくこと？

そうそう！
データが欠けている部分を
どうするかも、前処理の1つなんだ。

そうなんだ！

では、前処理の方法を
見ていこう！

前処理

ほほーい！

この章でやること

表データを読み込む

まずは
読み込み！

	名前	国語	数学	英語	学生番号
0	A太	83	89	76	A001
1	B介	66	93	75	B001
2	C子	100	84	96	B002
3	D郎	60	73	40	A002
4	E美	92	62	84	C001
5	F菜	96	92	94	C002

眺めよう！

データをざっくりと眺める

列データ

	名前	国語	数学	英語	学生番号
0	A太	83	89	76	A001
1	B介	66	93	75	B001
2	C子	100	84	96	B002
3	D郎	60	73	40	A002
4	E美	92	62	84	C001
5	F菜	96	92	94	C002

データの追加や削除

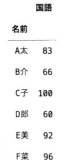

	国語
名前	
A太	83
B介	66
C子	100
D郎	60
E美	92
F菜	96

	国語	学生番号	数学	英語
A太	83.0	A001	89.0	76.0

必要に応じて
追加したり
削除したりするよ

データのミスをチェックする

	国語	数学
A太	90.0	80.0
B介	50.0	NaN
C子	NaN	NaN
D郎	40.0	50.0

ミスがある！
ワーーオ！

LESSON

04

表データを読み込もう

pandas を利用して CSV ファイルをデータフレームに読み込む方法を解説します。

まずは、集めたデータを眺めてみよう。

なんで？　Pythonくんがちゃちゃっと分析してくれるんじゃないの〜？

集めてきたばかりのデータは、必要なデータも、不必要なデータも混じっている。それに現実のデータって、入力に失敗したデータが混じっていることがあるんだよ。

そっか、変なデータが入っていたら、いくらがんばって分析しても変な結果しか出てこないもんね。

データ分析の前にチェックすることを「前処理」というんだよ。じゃあ、やってみよう。

出番かな？

表データって何?

データ分析は、基本的に表データ（テーブル）を使います。表データとは、行と列でできているデータです。

横方向に並んでいる1行は、1件のデータです。例えば住所録データであれば1人分、購入データであれば1品目分、全国人口推移データであれば1都道府県分、などが1件のデータです。「行」や「レコード」や「ロウ」などといいます。「上から何行目のデータかな?」などと見ていきます。

縦方向に並んでいる1列は、1つの項目です。項目とは、1件のデータが持っているいろいろな要素の種類のことです。例えば住所録データであれば、氏名、フリガナ、住所、電話番号、勤務先、誕生日などがそれぞれ項目です。「列」や「カラム」などといいます。「左から何列目の項目かな?」などと見ていきます。

1つのマスは、「要素」です。「フィールド」や「入力項目」といいます。Excelでは「セル」といいます。

Excelを利用したことがあると、とっつきやすいよ!

列（1つの項目）

行（1件のデータ）

要素（1つのマス）

	名前	国語	数学	英語	学生番号
0	A太	83	89	76	A001
1	B介	66	93	75	B001
2	C子	100	84	96	B002
3	D郎	60	73	40	A002
4	E美	92	62	84	C001
5	F菜	96	92	94	C002

表データは、一番上に「項目名」が並んでいます（ない場合もあります）。「その列が何の項目なのか」を表しています。これを「ヘッダー」といいます。

表データは、一番左に「番号」が並んでいます（ない場合もあります）。「その行が何件目のデータなのか」を表しています。これを「インデックス」といいます。

表データについては、『Python2年生 スクレイピングのしくみ』で学習したことのある人は、おさらいとなるわね

ヘッダー（項目名）

	名前	国語	数学	英語	学生番号
0	A太	83	89	76	A001
1	B介	66	93	75	B001
2	C子	100	84	96	B002
3	D郎	60	73	40	A002
4	E美	92	62	84	C001
5	F菜	96	92	94	C002

インデックス

おぼえておこう！

 ## データフレームを作る

この表データをPythonで扱うには、「pandas（パンダス）」というライブラリを使います。表データを「データフレーム」に入れると、データの追加、削除、抽出、集計、書き出しなどを行うことができます。データフレームとはpandasが用意するデータ形式で、Excelのように行と列でデータを管理できます。

データ操作の基本なので、しっかり使えるようになりましょう。

最初に「import pandas as pd」と命令すると、pandasを「pd」という省略名で扱えるようになり、「データフレーム = pd.DataFrame(data)」などと指定して、データフレームを作ります。

pandasでは、この行と列の2次元データを「データフレーム」として扱いますが、そこから1列だけや1行だけを取り出して、1次元データとして扱うことができます。このデータは「シリーズ」と呼ばれます。「データフレーム（2次元データ）」から、「シリーズ（1次元データ）」を取り出して操作することで、データ分析や加工が柔軟に行えるのです。

まずは、「複数行のデータ」からデータフレームを作ってみましょう。

例えば、3科目のテストデータがあったとして、「A太は、60点、65点、66点」「B介は、80点、85点、88点」「C子は、100点、100点、100点」と、1件1件が並んでいるデータを入力するときの作り方です。

書式：行データから、データフレームを作る

```
data = [[1行目データ],[2行目データ],[3行目データ]]
データフレーム = pd.DataFrame(data)
```

Jupyter Notebook（または、Colab Notebook）の「セル」にPythonのプログラムを入力しましょう（ここでは、「chap002」という名前にしています。以降、各章では「chap00（章番号）」でNotebookを作成します）。Notebookでは、データフレーム名を書くだけで中身が表で表示されます。最後に「df」と書いて表を表示させましょう。[Run] ボタンをクリックすると、すぐ下に結果が表示されます（リスト2.1）。

【入力プログラム】リスト 2.1

```python
import pandas as pd
data = [
    [60,65,66],
    [80,85,88],
    [100,100,100]
]
df = pd.DataFrame(data)
df
```

LESSON
04

> Jupyter Notebook では、
> コードのセルを実行すると
> すぐ下に実行結果が出ることは、
> 第1章でも説明したね！

出力結果

	0	1	2
0	60	65	66
1	80	85	88
2	100	100	100

各列の上には、カラム番号（0、1、2）が自動的に付いており、各行の左にも、インデックス番号（0、1、2）が自動的に付いています。これでは何のデータなのかよくわからないので、列名（カラム名）と行名（インデックス名）を設定しましょう（リスト2.2）。

書式：データフレームに列名（カラム名）と行名（インデックス名）を設定する

```
データフレーム.columns = [列名のリスト]
データフレーム.index = [行名のリスト]
```

【入力プログラム】リスト 2.2

```python
df.columns=["国語","数学","英語"]
df.index=["A太","B介","C子"]
df
```

出力結果

	国語	数学	英語
A太	60	65	66
B介	80	85	88
C子	100	100	100

データフレームを作るときに、最初から行データと列名と行名を設定して作る書き方もあります（リスト2.3）。

【入力プログラム】リスト 2.3

```python
import pandas as pd
data = [
    [60,65,66],
    [80,85,88],
    [100,100,100]
]
col = ["国語","数学","英語"]
idx =  ["A太","B介","C子"]
df = pd.DataFrame(data,  columns=col, index=idx)
df
```

出力結果

	国語	数学	英語
A太	60	65	66
B介	80	85	88
C子	100	100	100

3科目のテストデータが、「国語は、60点、80点、100点」「数学は、65点、85点、100点」「英語は、66点、88点、100点」と、1列1列で並んでいるデータの場合もあります。このようなときは、「列データ」からデータフレームを作りましょう（リスト2.4）。

書式：列データから、データフレームを作る

```
data = {"列名":[列データ], "列名":[列データ], "列名":[列データ]}
idx = [インデックス名のリスト]
データフレーム = pd.DataFrame(data, index=idx)
```

LESSON
04

【入力プログラム】リスト2.4

```python
import pandas as pd
data = {
    "国語" : [60,80,100],
    "数学" : [65,85,100],
    "英語" : [66,88,100]
}
idx =   ["A太","B介","C子"]
df = pd.DataFrame(data, index=idx)
df
```

出力結果

	国語	数学	英語
A太	60	65	66
B介	80	85	88
C子	100	100	100

 ## Jupyter Notebookで外部データファイルを準備する

　このように、データをプログラム内に書くとすぐ試せるので便利ですが、データ量が多くなってくると大変です。そこで、外部に用意されたデータファイル（CSVファイル）を読み込んでデータフレームを作る方法を見てみましょう。

　Jupyter Notebookでは、読み込むデータファイルは、ノートブックファイルと同じフォルダに置いておきます。Jupyter Notebookのフォルダがどこかよくわからない場合は、Jupyter NotebookのHome画面を使いましょう。アップロードするフォルダを開いて右上の❶［Upload］ボタンをクリックすると、ファイル選択のダイアログが表示されるので、❷使うCSVファイルを選んで、❸［選択］ボタンをクリックすると、❹アップロードできます。

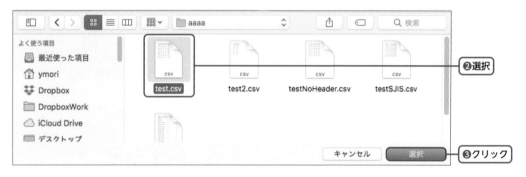

簡単ね

 Colab Notebookで外部データファイルを準備する

① フォルダを開く

ノートブック左にある❶フォルダアイコンをクリックすると、ノートブック上でフォルダが開いて表示されます。

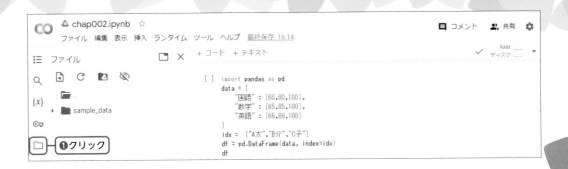

LESSON
04

② ファイルを選ぶ

左の❶［アップロード］ボタンをクリックして、CSVファイルを選ぶと、❷アップロードできます。

※ Colab Notebook では、アップロードしたファイルは、「実行して 12 時間以上経ったとき」や「パソコンを閉じて 90 分経ったとき」に自動削除されてしまいます。そのため、次の日に続きをしようとしたらファイルが消えていることがあります。そのときは、またアップロードしましょう。

MEMO 初回のアップロード時の警告

初回のアップロード時に「警告」ダイアログが表示されるので、［OK］ボタンをクリックしてください。

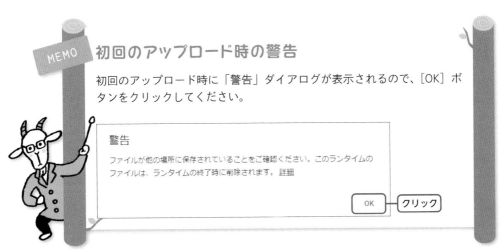

データファイルを読み込む

まず、サンプルファイルの「test.csv」（UTF-8形式）をアップロードして読み込んでみましょう。これは、1行目がヘッダーになっているファイルです。テキストエディターで、

以下のようなテキストファイルを作ってください（10ページのダウンロードサイトからサンプルファイルをダウンロードして用意することもできます）。

【サンプルファイル】(test.csv)

```
名前,国語,数学,英語,学生番号
A太,83,89,76,A001
B介,66,93,75,B001
C子,100,84,96,B002
D郎,60,73,40,A002
E美,92,62,84,C001
F菜,96,92,94,C002
```

ヘッダーのある
CSV データだね！

ヘッダー →
行（**1件のデータ**）→

```
名前,国語,数学,英語,学生番号↵
A太,83,89,76,A001↵
B介,66,93,75,B001↵
C子,100,84,96,B002↵
D郎,60,73,40,A002↵
E美,92,62,84,C001↵
F菜,96,92,94,C002↵
```

CSVファイル

※↵は折り返し記号です。

ファイルのデータ形式に注意しよう

このとき注意することがあります。一般的なCSVファイルは、「それぞれの作者によってデータ形式が違う」ので、あらかじめ「どんなデータ形式なのかを調べて」その形式に合った読み込み方を行う必要があります。

日本語のデータの場合、「UTF-8形式」か「Shift-JIS形式」かを調べます。ファイル形式がUTF-8形式の場合は、「pd.read_csv("ファイル名.csv")」という命令を使います（リスト2.5）。

書式：CSV ファイル（UTF-8 形式）を読み込む

```
DataFrame = pd.read_csv("ファイル名.csv")
```

【入力プログラム】リスト2.5

```
import pandas as pd
df = pd.read_csv("test.csv")
df
```

出力結果

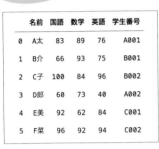

	名前	国語	数学	英語	学生番号
0	A太	83	89	76	A001
1	B介	66	93	75	B001
2	C子	100	84	96	B002
3	D郎	60	73	40	A002
4	E美	92	62	84	C001
5	F菜	96	92	94	C002

test.csv がそのまま
表になったよ

　ファイル形式がShift-JIS形式の場合は、「pd.read_csv("ファイル名.csv", encoding="Shift_JIS")」と指定して読み込みます。サンプルファイルの「testSJIS.csv」(Shift-JIS形式)をアップロードして読み込んでみましょう(リスト2.6)。

書式：CSV ファイル（Shift-JIS 形式）を読み込む

```
DataFrame = pd.read_csv("ファイル名.csv", encoding="Shift_JIS")
```

【入力プログラム】リスト 2.6

```
import pandas as pd
df = pd.read_csv("testSJIS.csv", encoding="Shift_JIS")
df
```

出力結果

	名前	国語	数学	英語	学生番号
0	A太	83	89	76	A001
1	B介	66	93	75	B001
2	C子	100	84	96	B002
3	D郎	60	73	40	A002
4	E美	92	62	84	C001
5	F菜	96	92	94	C002

これは Shift-JIS 形式ね。
読み込み方を
間違えないようにしよっと。

データの最初の列（0列目）をインデックスとして使いたい場合があります。このようなときは、「index_col=0」と指定することで、0列目をインデックスにすることができます（リスト2.7）。

書式：CSVファイル（0列目をインデックス）を読み込む

```
DataFrame = pd.read_csv("ファイル名.csv", index_col=0)
```

【入力プログラム】リスト 2.7

```
import pandas as pd
df = pd.read_csv("test.csv", index_col=0)
df
```

> 最初の列は
> 0列目って
> いうんだー。

出力結果

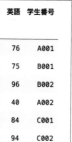

名前	国語	数学	英語	学生番号
A太	83	89	76	A001
B介	66	93	75	B001
C子	100	84	96	B002
D郎	60	73	40	A002
E美	92	62	84	C001
F菜	96	92	94	C002

> 名前が、インデックスに
> なったんだね

データによっては、1行目に列名を表す行（ヘッダー）がない場合があります。そのようなときは、「header=None」と指定して読み込みます。サンプルファイルの「testNoHeader.csv」をアップロードして読み込んでみましょう（リスト2.8）。

書式：CSVファイル（ヘッダーがない）を読み込む

```
DataFrame = pd.read_csv("ファイル名.csv", header=None)
```

【入力プログラム】リスト 2.8

```
import pandas as pd
df = pd.read_csv("testNoHeader.csv", index_col=0, header=None)
df
```

出力結果

	1	2	3	4
0				
A太	83	89	76	A001
B介	66	93	75	B001
C子	100	84	96	B002
D郎	60	73	40	A002
E美	92	62	84	C001
F菜	96	92	94	C002

ヘッダーのない
CSV データだね！

LESSON
04

MEMO CSVファイルを読み込むときのポイント

CSV ファイルを読み込むときのポイントは次の3つです。ファイルの状態に合わせて対処しましょう。

- もし、**Shift-JIS**が使われていたら、「**encoding="Shift-JIS"**」を追加する
- もし、**0列目をインデックス**にしたいなら、「**index_col=0**」を追加する
- もし、**ヘッダーがなかったら**、「**header=None**」を追加する

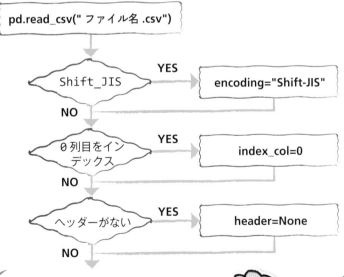

```
pd.read_csv(" ファイル名 .csv")
```

Shift_JIS — YES → encoding="Shift-JIS"
NO

0列目をインデックス — YES → index_col=0
NO

ヘッダーがない — YES → header=None
NO

これで、
CSV データの
読み込みは
バッチリだ！

LESSON 05

データをざっくりと眺める

ここではさまざまな角度からデータを「眺める」方法を解説します。

データが読み込めたら、まずはざっくりと眺めてみよう。

眺める？

データ分析の前に、データが正しく読み込まれているかを確認するんだ。

料理する前に、材料がちゃんとあるか確認するみたいなことね。

 ## データを眺める

まず先頭の5行だけ確認してみましょう。このデータは、もともと数が少ないのであまり変化はありませんが、データが大量にあるときに便利な機能です（リスト2.9）。

【入力プログラム】リスト 2.9

```python
import pandas as pd
df = pd.read_csv("test.csv", index_col=0)
df.head()
```

出力結果

名前	国語	数学	英語	学生番号
A太	83	89	76	A001
B介	66	93	75	B001
C子	100	84	96	B002
D郎	60	73	40	A002
E美	92	62	84	C001

ピッタリ5行！

次は、列名がちゃんと入力されているか確認しましょう（リスト2.10）。

【入力プログラム】リスト 2.10

```
df.columns
```

出力結果

```
Index(['国語', '数学', '英語', '学生番号'], dtype='object')
```

※シングルクォーテーションが使われていますが、これも文字列です。

インデックス名も確認しましょう（リスト2.11）。

【入力プログラム】リスト 2.11

```
df.index
```

出力結果

```
Index(['A太', 'B介', 'C子', 'D郎', 'E美', 'F菜'], dtype='object', ↵
name='名前')
```

どちらも「Index」と表示されていますが、これはpandasが内部的に扱いやすい形式だからです。並んでいるデータに注目しましょう。もしこれをPythonの普通のリストデータとして使いたいときは、リスト2.12のように取り出してリストに変換することができます。

【入力プログラム】リスト 2.12

```python
# 列名をリストに変換する
list1 = [i for i in df.columns]
print(list1)

# インデックス名をリストに変換する
list2 = [i for i in df.index]
print(list2)
```

出力結果

```
['国語', '数学', '英語', '学生番号']
['A太', 'B介', 'C子', 'D郎', 'E美', 'F菜']
```

データは正しい種類で読み込まれているのでしょうか。各列の「データの種類」を確認してみましょう（リスト2.13）。

【入力プログラム】リスト 2.13

```python
df.dtypes
```

出力結果

```
国語       int64
数学       int64
英語       int64
学生番号     object
dtype: object
```

データの種類が表示されたね。見覚えのある人も多いんじゃないかな？

データの種類には、整数（int64）、小数（float64）、文字列型（object）などがあります。これを見ると、国語・数学・英語は整数、学生番号は文字列型だとわかります。

データは全部で何個あるのでしょうか？　データの個数（行数）を確認してみましょう（リスト2.14）。

【入力プログラム】リスト 2.14

```
len(df)
```

出力結果

```
6
```

データは全部で6個あることがわかります。

 ## 列データをシリーズ（1次元データ）として取り出す

次は、このデータフレーム中から、特定のデータを取り出す方法について見ていきましょう。

まず、「1列のデータ」をシリーズ（1次元データ）として取り出す方法です。シリーズには、角カッコ[ ]を使います。国語のデータを取り出してみましょう（リスト2.15）。

書式：1 列のデータをシリーズ（1 次元データ）として取り出す

```
df["列名"]
```

【入力プログラム】リスト 2.15

```
df["国語"]
```

出力結果

```
名前

A太      83

B介      66

C子      100

D郎      60

E美      92
```

国語の成績だけが
出てきた！

```
F菜        96
Name: 国語, dtype: int64
```

　「複数の列データ」をデータフレーム（2次元データ）として取り出せます。データフレームには、二重角カッコ[[ ]]を使います。国語と数学のデータを取り出してみましょう（リスト2.16）。

書式：複数の列データをデータフレーム（2次元データ）として取り出す

```
df[["列名","列名"]]
```

【入力プログラム】リスト 2.16

```
df[["国語","数学"]]
```

元データと合わせて
確認すると
わかりやすいよ！

出力結果

列データ

	国語	数学
名前		
A太	83	89
B介	66	93
C子	100	84
D郎	60	73
E美	92	62
F菜	96	92

	名前	国語	数学	英語	学生番号
0	A太	83	89	76	A001
1	B介	66	93	75	B001
2	C子	100	84	96	B002
3	D郎	60	73	40	A002
4	E美	92	62	84	C001
5	F菜	96	92	94	C002

※ 1列だけのデータも「データフレーム（表データ）」として取り出すことができます。その場合は、df[[" 国語 "]] のように、二重角カッコで指定します。

行データをデータフレーム（2次元データ）として取り出す

　次は、「1行のデータ」を「データフレーム（2次元データ）」として取り出す方法です。1行しかありませんが、データフレーム（表データ）として取り出せます。0行目のデータを取り出してみましょう（リスト2.17）。

書式：1行のデータを取り出す

```
df.iloc[[行番号]]
```

【入力プログラム】リスト2.17

```
df.iloc[[0]]
```

出力結果

今度は1行目の
データが見れるのね

	国語	数学	英語	学生番号
名前				
A太	83	89	76	A001

　A太の行データが表示されました。「複数の行データ」も取り出せます。0行目と3行目の
データを取り出してみましょう（リスト2.18）。

書式：複数の行データを取り出す

```
df.iloc[[行番号, 行番号]]
```

【入力プログラム】リスト2.18

```
df.iloc[[0,3]]
```

出力結果

	国語	数学	英語	学生番号
名前				
A太	83	89	76	A001
D郎	60	73	40	A002

要素データを取り出す

「要素を1つだけ」取り出します。行番号と列名で指定します（リスト2.19）。

書式：要素データを取り出す

```
df.iloc[行番号]["列名"]
```

【入力プログラム】リスト 2.19

```
df.iloc[0]["国語"]
```

出力結果

```
83
```

	名前	国語	数学	英語	学生番号
0	A太	83	89	76	A001
1	B介	66	93	75	B001
2	C子	100	84	96	B002
3	D郎	60	73	40	A002
4	E美	92	62	84	C001
5	F菜	96	92	94	C002

要素データ →

1 列のデータや 1 行の
データ、1 つの要素も
自由に取り出せるっス！

データのどこを使う?

データの追加や削除を行って、加工しましょう。

データが正しく入っているのがわかったら、次は「そのデータのどこを使うか」を確認しよう。

データのどこを使うってどういう意味?

データというのは、客観的な数値の集まりだけど、データ分析をするのは「私の問題を解決したい」からだよね。だから、客観的なデータの中から「私の問題解決に関係する部分はどこか」を考える必要がある。

そっか。問題解決に関係ない部分をいくら必死に見てても解決しないもんね。

このとき、必要なデータだけを取り出してまとめたり、いらないデータを削除したりしておくなんてこともできる。うっかり関係ないデータを見ていたという間違いも起こりにくくなるしね。

列データや行データを追加する

特定の「列データ」を取り出して、別のデータフレームに追加することができます。

データの入ったデータフレーム（dfA）と、空のデータフレーム（dfB）を作り、「dfAから国語の列データを取り出して、dfBに追加」してみましょう。「国語の列だけのデータフレーム」が作れます（リスト2.20）。

書式：空のデータフレームを作る

```
データフレーム = pd.DataFrame()
```

書式：列データを追加する

```
データフレーム["新列名"] = 列データ
```

【入力プログラム】リスト 2.20

```
import pandas as pd
dfA = pd.read_csv("test.csv", index_col=0)

dfB = pd.DataFrame()
dfB["国語"] = dfA["国語"]
dfB
```

出力結果

名前	国語
A太	83
B介	66
C子	100
D郎	60
E美	92
F菜	96

お！ 国語だけの
データフレームができたよ～

　特定の「行データ」を取り出して、別のデータフレームに追加することもできます。
　データの入ったデータフレーム（dfA）と、空のデータフレーム（dfB）を作り、「dfAから
0行目の行データを取り出して、dfBに追加」してみましょう。「0行目だけのデータフレーム」
が作れます（リスト2.21）。

LESSON

06

書式：行データを追加する

```
データフレーム = データフレーム.concat([データフレーム, データフレーム])
```

【入力プログラム】リスト 2.21

```
dfA = pd.read_csv("test.csv", index_col=0)

dfB = pd.DataFrame()
dfB = pd.concat([dfB, dfA.iloc[[0]]])
dfB
```

出力結果

	国語	数学	英語	学生番号
名前				
A太	83	89	76	A001

今度は、A太さんだけの
データフレームだね。

列データや行データを削除する

　不要な列データがあるときは、列を指定して削除することができます。「国語の列データを削除」してみましょう（リスト2.22）。

書式：列データを削除する

```
データフレーム = データフレーム.drop("列名", axis=1)
```

【入力プログラム】リスト 2.22

```
dfA = pd.read_csv("test.csv", index_col=0)
dfA = dfA.drop("国語", axis=1)
dfA
```

※ 「axis=1」とは「列方向」を意味します。ここでは使いませんが「axis=0」は行方向を意味します。

出力結果

	数学	英語	学生番号
名前			
A太	89	76	A001
B介	93	75	B001
C子	84	96	B002
D郎	73	40	A002
E美	62	84	C001
F菜	92	94	C002

　不要な行データがあるときは、行を指定して削除することができます。「3行目の行データを削除」してみましょう（リスト2.23）。

書式：行データを削除する

```
データフレーム = データフレーム.drop("行名")
```

【入力プログラム】リスト2.23

```
dfA = pd.read_csv("test.csv", index_col=0)
dfA = dfA.drop(dfA.index[3])
dfA
```

出力結果

	国語	数学	英語	学生番号
名前				
A太	83	89	76	A001
B介	66	93	75	B001
C子	100	84	96	B002
E美	92	62	84	C001
F菜	96	92	94	C002

D郎さん
どこ行ったの。

条件でデータを抽出する

列データから「ある条件に合うデータを抽出」することもできます。

「ある条件に合うかどうか」は、等号や不等号（=、<、>）を使うだけで調べることができます。条件に合うものはTrue、合わないものはFalseになります。

書式：条件に合うかどうか調べる

```
データフレーム["列名"] = 値
データフレーム["列名"] > 値
データフレーム["列名"] < 値
```

「国語が80より大きいか」を調べてみましょう（リスト2.24）。

【入力プログラム】リスト 2.24

```
dfA = pd.read_csv("test.csv", index_col=0)
dfA["国語"] > 80
```

出力結果

```
名前

A太      True

B介      False

C子      True

D郎      False

E美      True

F菜      True

Name: 国語, dtype: bool
```

> 条件を指定すれば、そのデータが条件に合うときだけ、Trueになるんだ。

80より大きい場合だけ、Trueになりました。これは、「条件に合うかどうかのTrue・Falseのシリーズ（1次元データ）」です。このシリーズを使うとTrueの行だけ抽出することができます。つまり、「データフレーム ＝ データフレーム[条件に合うかどうかのTrue・Falseの

シリーズ]」と命令すると、「条件に合った行だけ抽出」することができるのです。

「国語が80より大きい行だけ抽出」してみましょう（リスト2.25）。

書式：条件でデータを抽出

データフレーム = データフレーム[条件]

【入力プログラム】リスト 2.25

```
dfB = dfA[dfA["国語"] > 80]
dfB
```

出力結果

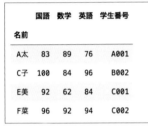

名前	国語	数学	英語	学生番号
A太	83	89	76	A001
C子	100	84	96	B002
E美	92	62	84	C001
F菜	96	92	94	C002

条件に合うデータだけ、取り出せたよ。

複数の条件で調べることもできます。「条件Aで、かつ条件Bを満たすとき」は「(条件A) &
(条件B)」、「条件A、または条件Bを満たすとき」は「(条件A) | (条件B)」と指定します。

「国語が80より大きくて、かつ数学も80より大きい行だけ抽出」してみましょう（リスト
2.26）。

【入力プログラム】リスト 2.26

```
dfB = dfA[(dfA["国語"] > 80) & (dfA["数学"] > 80)]
dfB
```

出力結果

名前	国語	数学	英語	学生番号
A太	83	89	76	A001
C子	100	84	96	B002
F菜	96	92	94	C002

みんな、かしこいんだね～

データのミスを
チェックする

データの「欠損値」をチェックして、補修しましょう。

 実際のデータを扱うときは、注意することがある。それは「ミスがある かもしれない」ということなんだ。

ミス？

 人間は、データを入力し忘れたり、間違えたりすることもある。機械が 測定するときも、センサーや通信のトラブルなどで値が抜けることも考 えられる。つまり、実際のデータには「ミスがあるかもしれない」と考 える必要があるんだ。

何にでもミスはつきものだよね。

 pandasでは「データが抜けていること」がわかる。データがない状態 は「NaN（ナン）」と表示されるんだ。

ナンと！

 これを「欠損値」という。この欠損値の扱い方について見ていこう。

欠損値の処理

　まずは、わざと欠損値のあるデータフレームを作って、欠損値を確認してみましょう。わざと欠損値を入力するときは「None」と指定します（リスト2.27）。

【入力プログラム】リスト2.27

```python
import pandas as pd
data = {
    "国語" : [90,50,None,40],
    "数学" : [80,None,None,50]
}
idx = ["A太","B介","C子","D郎"]
dfA = pd.DataFrame(data, index=idx)
dfA
```

出力結果

	国語	数学
A太	90.0	80.0
B介	50.0	NaN
C子	NaN	NaN
D郎	40.0	50.0

> 欠損値は、NaN なんだ！

※データ内に None が含まれる場合、pandas は自動的に None を扱えるデータ型の浮動小数点数型に変換します。そのため、整数の値も小数として表現されるようになります。

　pandasは欠損値のところに「NaN」と返してきます。

　これはデータが少ないので確認するのが簡単ですが、データが大量にあるときは大変です。そこで、欠損値があるのかどうか「欠損値の個数」を数えてみましょう。もし、欠損値の個数が0個だったら、「欠損値はない」とわかります（リスト2.28）。

書式：欠損値の個数

```
データフレーム.isnull().sum()
```

【入力プログラム】リスト 2.28

```
dfA.isnull().sum()
```

出力結果

国語	1
数学	2
dtype: int64	

国語に1つ、数学に2つあることがわかります。

欠損値があったので「欠損値のある行を削除」しましょう（リスト2.29）。

書式：欠損値がある行を削除

```
データフレーム = データフレーム.dropna()
```

【入力プログラム】リスト 2.29

```
dfB = dfA.dropna()
dfB
```

出力結果

	国語	数学
A太	90.0	80.0
D郎	40.0	50.0

あれれ？　B介さん、
国語はちゃんとテスト受けてたのに
消えてるよ

　欠損値のある行がすべて削除されました。ですがその影響で、国語のデータは欠損値で
ないのに削除されてしまった行もあります。そこで「国語のデータに欠損値のある行だけ
を削除」するようにしましょう（リスト2.30）。

書式：指定した列で欠損値がある行を削除

データフレーム ＝ データフレーム.dropna(subset=["列名"])

【入力プログラム】リスト 2.30

```
dfB = dfA.dropna(subset=["国語"])
dfB
```

出力結果

	国語	数学
A太	90.0	80.0
B介	50.0	NaN
D郎	40.0	50.0

無事、B介さんが
出てきたね。

　国語のデータに欠損値のある行だけが削除されました。このように、欠損値のある行を指定して削除することができるのです。

　ただ、欠損値が1個や2個ならいいですが、たくさん削除するとデータ数が大きく変わってきてしまいます。そこで「削除」するのではなく「別の値で埋める」という方法で欠損値を処理してみましょう。別の値で埋めるといっても、あまり変な値にはできません。平均値で埋めてみましょう（リスト2.31）。

書式：欠損値を平均値で埋める

データフレーム ＝ データフレーム.fillna(データフレーム.mean())

【入力プログラム】リスト 2.31

```
dfB = dfA.fillna(dfA.mean())
dfB
```

出力結果

	国語	数学
A太	90.0	80.0
B介	50.0	65.0
C子	60.0	65.0
D郎	40.0	50.0

国語の欠損値は60点、
数学は65点にしちゃうのね

LESSON
07

　国語が60、数学が65で埋めることができました。これはテストデータでしたが、気温のように「連続的に変化する値」の場合は、平均値を使うと変化が急に変わってしまうことがあります。もしも国語が連続的に変化する値だったとすると、90→50→60→40と、埋めた値の60で上がってしまっています。そこで、連続的に変化できるように「欠損値を1つ前の値で埋める」という方法で処理してみましょう（リスト2.32）。

書式：欠損値を1つ前の値で埋める

```
データフレーム = データフレーム.ffill()
```

【入力プログラム】リスト2.32

```
dfB = dfA.ffill()
dfB
```

出力結果

	国語	数学
A太	90.0	80.0
B介	50.0	80.0
C子	50.0	80.0
D郎	40.0	50.0

温度のように連続的に変化する値は、
あまり上下しないように
前にそろえるほうがいいってことね

　すると、90→50→50→40と、自然な変化になりました。

71

重複したデータを削除する

　ミスの種類として「同じデータを2回入力してしまう」というものもあります。コピーミスで同じデータが重複することもあります。そこで、重複データも確認しましょう。「重複データ」とは「すべての項目の値が同一な行が複数あること」です。

　まずは、わざと重複データのあるデータフレームを作ってみましょう。1、2、4行目が重複しているデータです（リスト2.33）。

【入力プログラム】リスト 2.33

```python
import pandas as pd
data = [
    [10,30,40],
    [20,30,40],
    [20,30,40],
    [30,30,50],
    [20,30,40]
        ]
dfA = pd.DataFrame(data)
dfA
```

出力結果

```
    0   1   2
0  10  30  40
1  20  30  40
2  20  30  40
3  30  30  50
4  20  30  40
```

わざと同じデータを
入力したデータだよ。

　まずは重複データがあるか、「重複データの個数」を数えてみましょう。0個だったら、「重複データはない」とわかります（リスト2.34）。

書式：重複データの個数

```
データフレーム.duplicated().value_counts()
```

【入力プログラム】リスト 2.34

```
dfA.duplicated().value_counts()
```

LESSON
07

出力結果

```
False    3
True     2
Name: count, dtype: int64
```

　Trueが2つあるので、重複のあるデータが、2つあるとわかりました。
　重複しているデータは、1つ目は残して、2つ目以降の重複データを削除します（リスト2.35）。

書式：重複データの 2 つ目以降を削除する

```
データフレーム.drop_duplicates()
```

【入力プログラム】リスト 2.35

```
dfB = dfA.drop_duplicates()
dfB
```

出力結果

	0	1	2
0	10	30	40
1	20	30	40
3	30	30	50

打ち間違いが
なくなったぽいね。

　重複していた2行目と4行目が削除されました。

CAUTION **やみくもに重複を削除しない**

今回は機械的に重複するデータを削除しましたが、データによっては偶然にまったく同じ値の行が存在することも考えられます。そのような種類のデータではないかどうかは、自分で考えましょう。

文字列型のデータを数値に変換する

用意されたデータは、それぞれの作者によってデータ形式が違います。「数値のデータなのに文字列で用意されている場合」もあります。そういうデータで計算したいときは、データの種類を数値型に変換しておく必要があります。

まずは、わざと数値を文字列型で作ったデータフレームを作ってみましょう（リスト2.36）。

【入力プログラム】リスト 2.36

```python
import pandas as pd
data = {
    "A" : ["100","300"],
    "B" : ["500","1,500"]
}
dfA = pd.DataFrame(data)
dfA
```

出力結果

```
     A      B
0  100    500
1  300  1,500
```

まずはこのデータから
変換を試していこう！

各列のデータの種類を調べてみます（リスト2.37）。

【入力プログラム】リスト 2.37

```
dfA.dtypes
```

出力結果

```
A       object
B       object
dtype: object
```

すべて文字列型だとわかります。そこで、データの型を整数型に変換しましょう。まずは
「列Aを整数に変換」してみましょう（リスト2.38）。

書式：文字列の列データを整数に変換する

```
データフレーム["列名"] = データフレーム["列名"].astype(int)
```

【入力プログラム】リスト 2.38

```
dfA["A"] = dfA["A"].astype(int)
dfA.dtypes
```

出力結果

```
A       int64（またはint32）
B       object
dtype: object
```

列Aが整数になりました。次は、列Bを整数にしましょう。ただし「1,500」というカンマ
付きの数値があります。カンマが付いたままでは整数型には変換できないので、「カンマの文
字」を「空の文字」に置き換えてから、整数型に変換します（リスト2.39）。

書式：カンマ付き文字列の列データのカンマを削除する

データフレーム["列名"] = データフレーム["列名"].str.replace("，"，"")

【入力プログラム】リスト 2.39

```
dfA["B"] = dfA["B"].str.replace("，"，"").astype(int)
dfA.dtypes
```

出力結果

```
A     int64 （またはint32）
B     int64 （またはint32）
dtype: object
```

どちらも、整数になりました。カンマがなくなっているのも確認してみましょう。データフレーム名だけ指定します（リスト2.40）。

【入力プログラム】リスト 2.40

```
dfA
```

出力結果

	A	B
0	100	500
1	300	1500

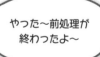
やった～前処理が
終わったよ～

カンマなしの整数に変換されたようですね。

第3章
データの集まりをひとことでいうと？：
代表値

ほしがにの出す粒って
種類もいろいろだけど、
重さもバラバラなんです。

へぇ。
それを記録して
あるということは、
粒の種類ごとに
平均的な重さも
計算できそうだね。

はい。それは
できますけど、
それって意味
あるんですか？

うん。ほしがには、
まるい星の粒、四角い星の粒、
三角の星の粒を出すんだよね？

それらの代表値を比べれば、
3種類の星の粒の違いが
わかるかも知れないんだ。

代表値

だいひょうち？

そう！
たくさんの星の粒の
重さデータから、
代表的な値を知る
ことができるよ。

へー。
星の粒のひみつが
わかるかも
知れないのね！

そうだね。
データを
分析すれば、
きっとひみつが
わかるよ！

おもしろそ〜

この章でやること

平均値

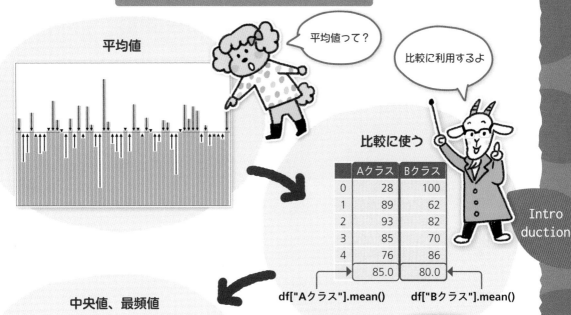

平均値って？

比較に利用するよ

比較に使う

	Aクラス	Bクラス
0	28	100
1	89	62
2	93	82
3	85	70
4	76	86
	85.0	80.0

df["Aクラス"].mean()　　df["Bクラス"].mean()

中央値、最頻値

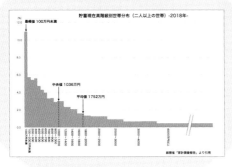

中央値（ちゅうおうち）、
最頻値（さいひんち）って
なんだろう？

度数分布表について
説明するよ

度数分布表

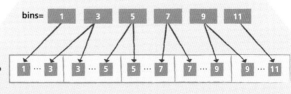

bins=

bins から範囲を作る

right=False

右側は含まれない

Intro duction

データを平らに
均（なら）す

「平均値」とはなんでしょうか。その使い方を見ていきましょう。

データの前処理はできたけど、数字がいっぱい。目がチカチカしてきたよ。

まずは代表値を調べてみよう。

代表？

「データの集まりを1つの数値で表した値」のことだ。平均値って知ってるかな。

あっ。それは聞いたことあるな……うろ覚えだけど。

まずは、平均値の使い方を見ていくことにしよう。

　たくさんのデータを目にしたとき、そこから何が読み取れるのでしょうか。データを1つずつ見ていくと時間がかかりますし「全体としてどうなのか？」は、なかなかわかりません。

　そこで、「このデータは全体として、どういうものなのか」を「1つの数値」に要約してみたいと思います。それが「代表値」です。そして、代表値の中で最もよく使うものが「平均値」です。平均値について見ていきましょう。

平均値を求める

「平均値」とは、「凹凸のあるデータの、凹凸を平らに均（なら）した値」です。

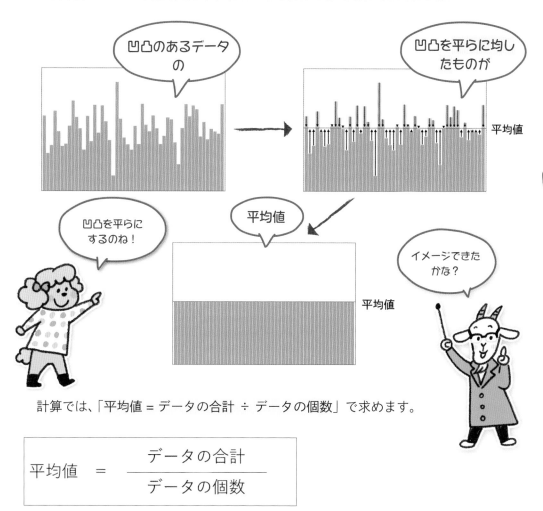

計算では、「平均値 = データの合計 ÷ データの個数」で求めます。

$$\text{平均値} = \frac{\text{データの合計}}{\text{データの個数}}$$

Pythonでは、平均値をどのように求めるのかを、例を使って見てみましょう。

ここに、ある2つのクラスの英語の成績データがあったとして、それぞれのクラスの平均値を求めます（リスト3.1）。

【入力プログラム】リスト 3.1

```python
import pandas as pd
data = {
    "Aクラス" : [82,89,93,85,76],
    "Bクラス" : [100,62,82,70,86]
}
df = pd.DataFrame(data)
df
```

出力結果

	Aクラス	Bクラス
0	82	100
1	89	62
2	93	82
3	85	70
4	76	86

どうでもいいけど
得点高すぎない？

　数がこのくらい少なければ、眺めるだけでもわかりますが、たくさんあった場合は大変です。そこで、各クラスを1つの数値に要約してみましょう。「データフレーム["列名 "].mean()」と命令すると、列データの平均値が求まります。

データ分析の命令：列データの平均値を求める

- 必要なライブラリ：**pandas**
- 命令

```python
df["列名"].mean()
```

- 出力：列データの平均値

　「Aクラス」と「Bクラス」の平均値を表示してみましょう（リスト3.2）。

【入力プログラム】リスト 3.2

```python
print("Aクラス =", df["Aクラス"].mean())
print("Bクラス =", df["Bクラス"].mean())
```

出力結果

```
Aクラス = 85.0
Bクラス = 80.0
```

それぞれが、1つの数値で表現されるので、わかりやすくなりました。

この結果を見ると、「Aクラスは全体として85点、Bクラスは全体として80点なんだなあ」とわかります。

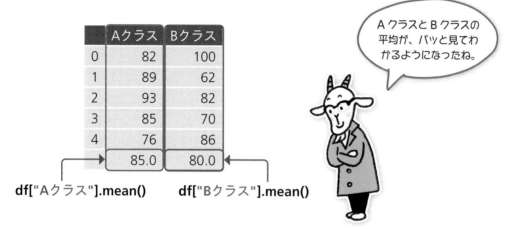

df["Aクラス"].mean()　　df["Bクラス"].mean()

AクラスとBクラスの平均が、パッと見てわかるようになったね。

 代表値は、「データの比較」に使う

このようにして求めた代表値は、「データの比較」に使います。

代表値は1つの値なので、1つだけでは「何を意味するのか」は、よくわかりません。「他の値と比較」することで初めて意味が見えてきます。

例えば、「代表値と、代表値を比較」すると「グループとグループの差」がわかります。「Aクラスと、Bクラスの差」がわかるのです。

「Aクラス」と「Bクラス」の平均値をもう一度表示させてみましょう。今度は、別の方法で表示させてみましょう（リスト3.3）。データフレーム自体に命令します。すると、データフレームの中の各列の平均値が表示されます。

データ分析の命令：各列データの平均値を求める

- 必要なライブラリ：**pandas**
- 命令

```
df.mean()
```

- 出力：列データの平均値

【入力プログラム】リスト3.3

```
print(df.mean())
```

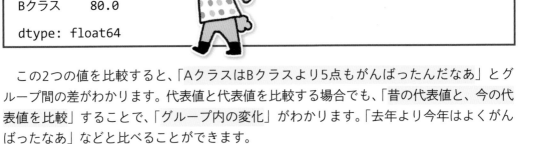

Aクラス、
がんばったね！

出力結果

```
Aクラス     85.0

Bクラス     80.0

dtype: float64
```

　この2つの値を比較すると、「AクラスはBクラスより5点もがんばったんだなあ」とグループ間の差がわかります。代表値と代表値を比較する場合でも、「昔の代表値と、今の代表値を比較」することで、「グループ内の変化」がわかります。「去年より今年はよくがんばったなあ」などと比べることができます。

　また、代表値同士の比較ではなく「代表値と、1つのデータを比較」をすることで、1つのデータが全体のどのあたりなのかがわかります。

　例えば、「Aクラス全体（平均）」と「0番目の生徒」を比較してみましょう（リスト3.4）。1つの要素は「df.iloc[番号]["列名"]」と指定すれば取り出すことができます。

【入力プログラム】リスト3.4

```
print(df.iloc[0]["Aクラス"])
print(df["Aクラス"].mean())
```

出力結果

0番さんがんばってるのに、
Aクラスでは平均値より
少し下なんて……。

82

85.0

　この2つの値を比較すると、「0番の生徒はがんばってはいるけれど、Aクラス全体で見ると平均値よりまだ少し下なのか」などとわかります。

　このように代表値は、「データ全体をひとことで言い表すことができる」ので便利なのですが、注意する点もあります。もとのデータをよく見ると、Bクラスには100点を取ったがんばった生徒がいることがわかります。しかし、代表値に要約することで、そういった1つ1つのデータは見えにくくなってしまいます。代表値とは「データ全体をとらえるため」に使うものなのです。

LESSON
08

MEMO　**代表値は「データの比較」に使う**

- 代表値と、別の代表値を比較：グループとグループの差がわかる
- 昔の代表値と、今の代表値を比較：グループ内の変化がわかる
- 代表値と、1つのデータを比較：1つのデータが全体のどのあたりなのかがわかる

LESSON 09

平均値を代表といっていいの？

平均値以外の代表値である「中央値」や「最頻値」について見ていきましょう。

代表値としてよく使われる平均値だけれど、代表してるとはいえない場合もあるんだよ。

そんなことあるの？

例えば、この図は「1世帯当たり、現在どれだけ貯蓄があるか」を表した図なんだ。これを見ると「貯蓄の平均値」は「1901万円」となっている。総務省統計局の調査データだよ。

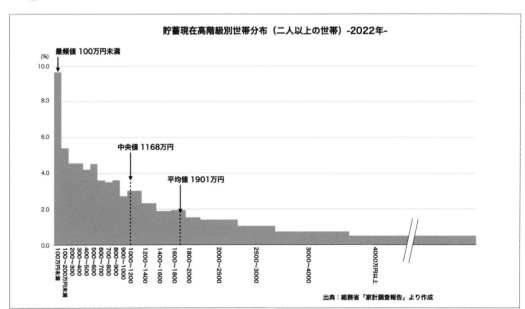

貯蓄現在高階級別世帯分布（二人以上の世帯）-2022年-

最頻値 100万円未満

中央値 1168万円

平均値 1901万円

出典：総務省「家計調査報告」より作成

※これは2022年のデータです。最新版のデータは、次のURLにあります。https://www.stat.go.jp/data/sav/sokuhou/nen/index.html

＜要約＞家計調査報告（貯蓄・負債編）− 2022年（令和4年）平均結果−（二人以上の世帯）

ええ～!? これが平均値なの？ 何かおかしいんじゃない？

その秘密は、グラフの右のほうの「切れている部分」にあるんだ。「4000万円以上」とひとくくりにしているけど、この先はずっと延びていて、「5000万円以上」の準富裕層も、「1億円以上」の富裕層も、「5億円以上」の超富裕層もけっこう含まれている。

気がつかなかったけど、切れてるところって、先があるのね。

試しに最高額を5億円と仮定して、切らずに表示したらこんな風になる。

LESSON
09

5億円

うっひゃ～～！ わたしらとどれだけ差があるんだよ。

すごい大金持ちがいるから、平均値が高いほうへ引っ張られていたというわけだ。でもこんな超富裕層って、一般の国民からは外れた特殊な人たちのことじゃないの？ と思えるよね。そこで、このような値のことを「外れ値」というんだ。

確かにケタ外れだわ。

　「平均値」は、このように「外れ値の影響を受けやすい」という性質があります。
　これに対して、代表値には他にもいろいろあり「平均値より外れ値の影響を受けにくいもの」もあります。それが「中央値（ちゅうおうち）」や「最頻値（さいひんち）」です。
　「中央値」とは、「データを順番に並べたとき、ちょうど真ん中に来る値」です。この図で見ると「1168万円」です。金額が少し低くなりましたね。
　「最頻値」とは、「データの中で一番多く現れる（最頻）値」のことです。グラフの一番左が飛び抜けて高くてデータが多いですね。「100万円未満」が最頻値です。つまり日本で

は、「貯蓄額が100万円未満の世帯が一番多い」ということです。

　「平均値」は代表値としてよく使いますが、場合によっては「中央値」や「最頻値」のほうが実態に近い場合もあるのです。

 ## 平均値を代表としていいか調べる

　貯蓄データのように、平均値で見ると1901万円でも、最頻値で見ると100万円未満という場合もあるので、手に入れたデータの平均値を、すぐに代表値として使ってもいいものでしょうか？

　例を使って、考えてみましょう。「文化祭でカフェをすることになった」とします。しかし、ケーキの価格をいくらにすればいいかよくわかりません。そこで、何人かにそのケーキを食べてもらって「このケーキはいくらだったらいいか、予想価格のアンケート」を取りました。これがそのデータだとします（リスト3.5）。

【入力プログラム】リスト3.5

```python
import pandas as pd
data = {
    "予想価格" : [240,250,150,240,300,5000]
}
df = pd.DataFrame(data)
df
```

出力結果

	予想価格
0	240
1	250
2	150
3	240
4	300
5	5000

ケーキが食べたくなるね～

　それでは、平均値を見てみましょう（リスト3.6）。

【入力プログラム】リスト3.6

```
print(df.mean())
```

出力結果

```
予想価格    1030.0

dtype: float64
```

1030円のケーキ！
セレブだわ！

平均値は1030円です。おやおや、けっこう高いですね。

これは、データの中にお金持ちの生徒の回答があって、とても高い予想価格だったからのようです。平均値はこのような少ないけど突出したデータの影響を受けてしまいます。

そこで、外れ値に強い、中央値と最頻値で見てみましょう。

中央値は「データフレーム.median()」で求めることができます（リスト3.7）。

データ分析の命令：各列データの中央値を求める

- 必要なライブラリ：**pandas**
- 命令

```
df.median()
```

- 出力：列データの中央値

【入力プログラム】リスト3.7

```
print(df.median())
```

出力結果

```
予想価格    245.0

dtype: float64
```

最頻値は「データフレーム.mode()」で求めることができます（リスト3.8）。

データ分析の命令：各列データの最頻値を求める

- 必要なライブラリ：**pandas**
- 命令

```
df.mode()
```

- 出力：各列データの最頻値

【入力プログラム】リスト 3.8

```
print(df.mode())
```

出力結果

これならお小遣いで
食べられそう！

	予想価格
0	240

中央値は245円、最頻値は240円でした。この結果を見ると、「240〜245円ぐらいなら納得できるなあ」と思えます。このように、平均値だけ見ていると外れ値に影響されてしまうので、中央値や最頻値も確認しておくことが大事なようです。

ちなみに、外れ値がなかった場合はどうなるでしょうか。5000円のデータを除いて調べてみましょう（リスト3.9）。

【入力プログラム】リスト 3.9

```
import pandas as pd
data = {
    "予想価格" : [240,250,150,240,300]
}
df = pd.DataFrame(data)
print("平均値 =",df.mean())
print("中央値 =",df.median())
print("最頻値 =",df.mode())
```

出力結果

```
平均値 ＝ 予想価格     236.0
dtype: float64
中央値 ＝ 予想価格     240.0
dtype: float64
最頻値 ＝     予想価格
0    240
```

納得の値だね！

　平均値も、中央値も、最頻値もだいたい同じような値になりました。これなら、平均値を代表値として使えますね。

MEMO　平均値、中央値、最頻値の違い

平均値

- すべてのデータを考慮した値。
- 外れ値の影響を受けやすい。
- 標準偏差との相性がいいのでよく使われる。

中央値

- データを順番に並べたとき、ちょうど真ん中に来る値。
- 外れ値の影響をあまり受けにくい。

最頻値

- データの中で一番多く現れる（最頻）値。
- 外れ値の影響をかなり受けにくい。
- サンプル数が少ないと使えない。

LESSON

10

平均値が同じなら、 同じといっていいの？

データのばらつきを表にした「度数分布表」について見ていきましょう。

平均値って、「たくさんのデータを1つの数値」に要約するために「取り除いた情報」があるんだよ。

どういうこと？

平均値って、もともと凹凸のあるデータを平らに均して、凹凸を取り除いたんだよね。

ふむふむ。

その凹凸情報がつまり「データのばらつき」なんだよ。

えっ！じゃあ、どうするの？

「データのばらつき」は別の方法で調べるんだよ。表にしたり、グラフにしたり、1つの数値にしたり、いろいろな方法がある。まずは、表にする方法から見ていこう。

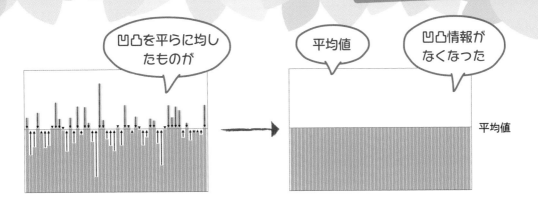

平均値は、データのばらつき情報を取り除いて、平らに均した値です。

「データのばらつき方」は別の方法で調べましょう。表にして調べるときは、「度数分布表（どすうぶんぷひょう）」を使います。

たくさんのデータを1つずつ見ていくのではなく、いくつかの範囲に区切って見ていきます。この区切った範囲のことを「階級（かいきゅう）」といいます。そして、区切った範囲にデータがそれぞれ何個入っているかを数えます。この個数を「度数」といいます。この度数を表にして、データの分布をわかるようにしたものが「度数分布表」なのです。

度数分布表を見ると、「データはどこからどこまであって」「全体が均等にばらついているのか、どこかだけに集中しているのか」など、データの分布についての情報がわかります。

例を使って、考えてみましょう。「文化祭でカフェをすることになった」とします。ケーキの作り方は、A案、B案、C案の3パターンを考えていたのですが、どの案のケーキにすればいいのかよくわかりません。そこで、何人かにケーキを食べてもらって「ケーキのおいしさのアンケート」を取りました。「おいしい（10）〜 まずい（1）」の、10段階評価です。これがそのデータだとします（リスト3.10）。

【入力プログラム】リスト 3.10

```python
import pandas as pd
data = {
    "A案" : [1,10,1,10,1,10,1,10],
    "B案" : [5,5,5,5,6,6,6,6],
    "C案" : [1,2,3,4,7,8,9,10]
}
df = pd.DataFrame(data)
df
```

10段階の評価！
なかなかシビアね！

出力結果

	A案	B案	C案
0	1	5	1
1	10	5	2
2	1	5	3
3	10	5	4
4	1	6	7
5	10	6	8
6	1	6	9
7	10	6	10

1 がキター。

　実は、A案、B案、C案は、こんなばらつきのデータです。度数分布表では、これがどんな風に表示されるのでしょうか。

ばらつきが、どんな風な表示になるかな？

　まずは、平均値を見てみましょう（リスト3.11）。

【入力プログラム】リスト 3.11

```
print(df.mean())
```

出力結果

```
A案      5.5
B案      5.5
C案      5.5
dtype: float64
```

LESSON
10

　この結果を見ると、「3つとも平均値は同じで、違いはなさそう」ですね。中央値も見てみましょう（リスト3.12）。

【入力プログラム】リスト 3.12

```
print(df.median())
```

出力結果

```
A案      5.5
B案      5.5
C案      5.5
dtype: float64
```

あ␞りゃ！
全部同じ？

　なんと、中央値も違いはないですね。ばらつきが違うデータのはずなのにどれも同じに見えますね。それでは、最頻値を見てみましょう（リスト3.13）。

【入力プログラム】リスト3.13

```python
print(df.mode())
```

出力結果

	A案	B案	C案
0	1.0	5.0	1
1	10.0	6.0	2
2	NaN	NaN	3
3	NaN	NaN	4
4	NaN	NaN	7
5	NaN	NaN	8
6	NaN	NaN	9
7	NaN	NaN	10

度数分布表で次から
見ていこう！

おー！
最頻値だと違いが
出てくるね

　最頻値を見ると「何か違いがありそう」なことがわかりました。それでは、これを「度数分布表」で見てみましょう。

　度数分布表を作るには、まず「pd.cut()」でいくつかの範囲に区切り、それぞれのデータがどの範囲に入るのかを調べます。次に「cut.value_counts()」で、それぞれの範囲にいくつデータが入っているかをカウントしていきます。

データ分析の命令：列データの度数分布表を表示する

- 必要なライブラリ：**pandas**
- 命令

```python
cut = pd.cut(df["列名"], bins=区切る範囲, right=False)
cut.value_counts(sort=False)
```

- 出力：列データの度数分布表

　ここでは2個ずつ、「1, 2」「3, 4」「5, 6」「7, 8」「9, 10」と区切ってみましょう。

　binsの値を［1,3,5,7,9,11］と指定すると、この値を使って「1--3、3--5、5--7、7--9、9--11」という範囲が作られます。範囲の境界線が重なっているので、どちらに含まれるの

かを決めなければいけません。「right=False」と指定すると「範囲の左側は含まれるが、右側は含まれない」という設定になります。これは「1以上3未満、3以上5未満、5以上7未満、7以上9未満、9以上11未満」ということです。

つまりこれで、「1～2」「3～4」「5～6」「7～8」「9～10」の範囲ができます。そして、このそれぞれの範囲内でのデータ数を数えていきます。

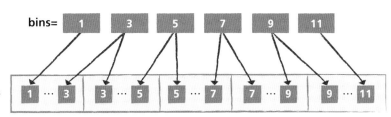

	1以上 3 未満	3 以上 5 未満	5 以上 7 未満	7 以上 9 未満	9 以上 11 未満
right=False 右側は含まれない	1 ～ 2	3 ～ 4	5 ～ 6	7 ～ 8	9 ～ 10

まずは、A案の度数分布表を出力してみましょう（リスト3.14）。

【入力プログラム】リスト3.14

```
bins=[1,3,5,7,9,11]
cut = pd.cut(df["A案"], bins=bins, right=False)
print(cut.value_counts(sort=False))
```

出力結果

```
A案
[1, 3)      4
[3, 5)      0
[5, 7)      0
[7, 9)      0
[9, 11)     4
Name: count, dtype: int64
```

リスト3.14の出力結果は、こういう表を表しています。

階級	度数
1〜2	4
3〜4	0
5〜6	0
7〜8	0
9〜10	4

A案は極端ね。

この結果を見ると、「A案は、両端に分かれていて、すごくおいしいと、すごくまずいに極端に評価の分かれる味」のようですね。

次は、B案の度数分布表を出力してみます（リスト3.15）。

【入力プログラム】リスト 3.15

```
cut = pd.cut(df["B案"], bins=bins, right=False)
print(cut.value_counts(sort=False))
```

出力結果

```
B案
[1, 3)     0
[3, 5)     0
[5, 7)     8
[7, 9)     0
[9, 11)    0
Name: count, dtype: int64
```

リスト3.15の出力結果は、こういう表を表しています。

階級	度数
1〜2	0
3〜4	0
5〜6	8
7〜8	0
9〜10	0

B案は、可もなく不可もなく
って感じね。

　この結果を見ると、「B案は、真ん中に集まっていて、特においしくも、まずくもない味」のようですね。次は、C案の度数分布表を出力してみます（リスト3.16）。

【入力プログラム】リスト3.16

```
cut = pd.cut(df["C案"], bins=bins, right=False)
print(cut.value_counts(sort=False))
```

出力結果

```
C案
[1, 3)     2
[3, 5)     2
[5, 7)     0
[7, 9)     2
[9, 11)    2
Name: count, dtype: int64
```

リスト3.16の出力結果は、こういう表を表しています。

C案は、ばらばらね。

階級	度数
1〜2	2
3〜4	2
5〜6	0

階級	度数
7〜8	2
9〜10	2

LESSON
10

この結果を見ると、「C案は、評価がばらばらな味」のようですね。

確かに、度数分布表を見るとデータのばらつきをうまく表してくれているようです。

階級	度数
1〜2	4
3〜4	0
5〜6	0
7〜8	0
9〜10	4

階級	度数
1〜2	0
3〜4	0
5〜6	8
7〜8	0
9〜10	0

階級	度数
1〜2	2
3〜4	2
5〜6	0
7〜8	2
9〜10	2

目的に合わせて、
どの度数分布表を
利用するのか選ぶといいね。

さて、重要なのはここからです。3つを見比べてどういうことが考えられるでしょうか？

データを分析して出てくる結果は、データを機械的に処理して出てきた値です。しかし、これがどういう意味を持つのか、何を読み取れるのかは、人間が考える仕事です。

いろいろ考えられます。

「お客さんに、まずいといわれたくないから、無難にB案がいい」でしょうか？

本当にそう思いますか？

もし、「年に1回しかない文化祭です。インパクトがあって思い出に残ったほうがいいんじゃないか」と考えるなら、A案がいいかもしれません。

どれを選ぶかは「もともとの目的に立ち返って考える」のが重要なのです。

第4章
図で特徴をイメージしよう：
グラフ

ほしがにの出す
粒の重さごとに、
個数をまとめて
みたよ〜！

どれどれ。
200gのときもあるの！？
あの小さい体から
こんな大きな粒がでるなんて…！
ふしぎだ！！

そうね。
ただそんなことをききたいん
じゃなくて、数字をもっとこう！
わかりやすく見る方法って
ないのかしら。

しっけい！
あまりの大きさについ…。
数字からイメージを
とらえたいときは
「グラフ」にするといいよ。

よく学校新聞でも
みるアレね！
この前はたしか
好きなスイーツ
アンケートの結果が
グラフになっていたわ。

そうそう。それだね。
なかでもヒストグラムは、
データの「ばらつき」を
見るのにうってつけなんだ。

ほう？
そうなんですか？

う、うん。
それじゃ見ていこう！

なぜ
名探偵風
に？？

うむ！！

この章でやること

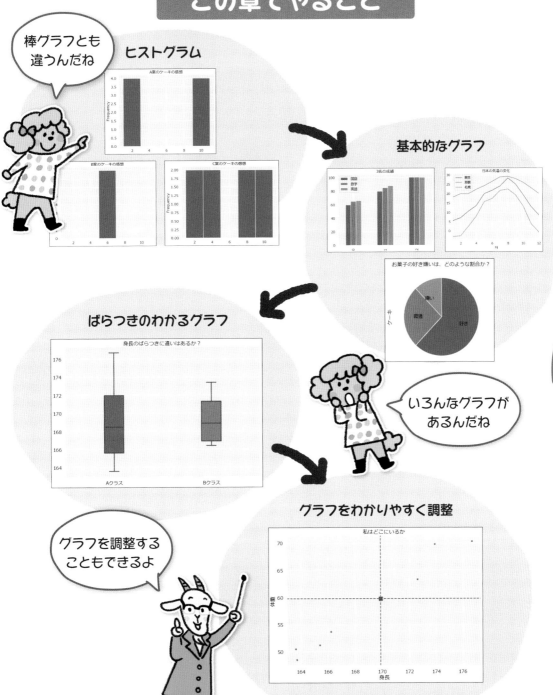

棒グラフとも
違うんだね

ヒストグラム

基本的なグラフ

ばらつきのわかるグラフ

いろんなグラフが
あるんだね

グラフを調整する
こともできるよ

グラフをわかりやすく調整

LESSON

11

データのばらつきが
わかる

「度数分布表」をグラフにしてみましょう。グラフ用ライブラリの使い方と、
ヒストグラムについて見ていきます。

度数分布表を書けるようになったけど、数字だからピンと来ないんだよなー。

そういうときはグラフにしてみよう。ヒストグラムだ。

あっ！　わたし、グラフは好きだよ。

グラフはmatplotlibを使うと作れるんだけど、それをパワーアップさせるseabornも使ってみよう。seabornは、きれいなグラフが描けて、しかもデータ分析に便利な機能が付いているんだ。

やった、パワーアップだ！　きれいなグラフが楽しみ〜

グラフは芸術よ！

matplotlibの使い方

グラフを表示するときは、matplotlibライブラリを使います。「import matplotlib.pyplot as plt」と命令すると、matplotlibを「plt」という省略名で扱えるようになります。

グラフは主に3段階で命令します。

① 「**どんなデータで、何のグラフを表示するか**」を決める。

② 必要なときは「**タイトルや線などの追加情報**」を指定する。

③ 最後に「**plt.show()**」と命令すると、指定したグラフが表示される。

※ノートブックの中にグラフを表示させるとき、昔の環境では、「%matplotlib inline」という特別な命令を書く必要がありました。しかし最近の環境では書かなくても表示できるようになりました。

まずは、matplotlibでグラフを表示させてみましょう。リスト4.1のように入力してください。

【入力プログラム】リスト4.1

```
import matplotlib.pyplot as plt

plt.plot([0,100,200],[100,0,200])
plt.show()
```

「こんなデータの折れ線グラフ」を「描きなさい！」と命令してるわけね

LESSON 11

出力結果

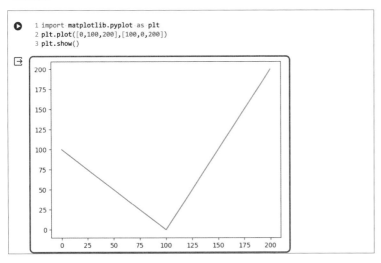

```
1 import matplotlib.pyplot as plt
2 plt.plot([0,100,200],[100,0,200])
3 plt.show()
```

折れ線グラフね！

セルのすぐ下にグラフが表示されました。

seabornの使い方

さらに、グラフをきれいにするseabornライブラリを使ってみましょう。seabornライブラリは、matplotlibを拡張するライブラリなので、使うときは両方をimportします。「import seaborn as sns」と命令すると、seabornを「sns」という省略名で扱えるようになります。

seabornは、最初に「sns.set()」と命令しておくだけで、これ以降に表示させたグラフがきれいに表示されるという、便利な機能を持っています。

また、グラフは基本的にそのままでは日本語を表示できないのですが、それも「sns.set(font=["日本語フォント名"])」と命令するだけで表示できるようになります。Windowsでは、システムフォントの「メイリオ」を指定して「sns.set(font=["Meiryo"])」、macOSでは、「ヒラギノ丸ゴシックPro」を指定して「sns.set(font=["Hiragino Maru Gothic Pro"])」と命令することで、日本語が表示できるようになります。

Colab Notebookには日本語フォントがないのですが、ノートのページの最初のほうで1回、以下のように命令してそのページ用に日本語フォントをインストールして、「sns.set(font=["IPAexGothic"])」と命令することで、日本語を表示できるようになります。

【入力プログラム】Colab Notebook 用

```
!pip install japanize-matplotlib
import japanize_matplotlib
```

出力結果

```
1 !pip install japanize-matplotlib
2 import japanize_matplotlib

Collecting japanize-matplotlib
  Downloading japanize-matplotlib-1.1.3.tar.gz (4.1 MB)
                                                    4.1/4.1 MB 1
  Preparing metadata (setup.py) ... done
Requirement already satisfied: matplotlib in /usr/local/lib/python3.10/dist-packages (from
Requirement already satisfied: contourpy>=1.0.1 in /usr/local/lib/python3.10/dist-packages
Requirement already satisfied: cycler>=0.10 in /usr/local/lib/python3.10/dist-packages (fro
Requirement already satisfied: fonttools>=4.22.0 in /usr/local/lib/python3.10/dist-packages
Requirement already satisfied: kiwisolver>=1.0.1 in /usr/local/lib/python3.10/dist-packages
```

本書のプログラムでは、Windows用、macOS用、Colab Notebook用の3つのsns.set命令をコメント化した状態で並べています。お使いの環境に合わせて先頭の「#」を削除して、コメントを解除してお使いください。

- **Windowsの場合：sns.set(font=["Meiryo"])**
- **macOSの場合：sns.set(font=["Hiragino Maru Gothic Pro"])**
- **Colab Notebookの場合：sns.set(font=["IPAexGothic"])**

の先頭の「#」を削除してください。

それでは、matplotlibとseabornでグラフを表示させてみましょう（リスト4.2）。

【入力プログラム】リスト4.2

```python
import matplotlib.pyplot as plt
import seaborn as sns
#sns.set(font=["Meiryo"]) # Windows
#sns.set(font=["Hiragino Maru Gothic Pro"]) # macOS
#sns.set(font=["IPAexGothic"]) # Colab Notebook

plt.plot([0,100,200],[100,0,200])
plt.title("タイトル")
plt.show()
```

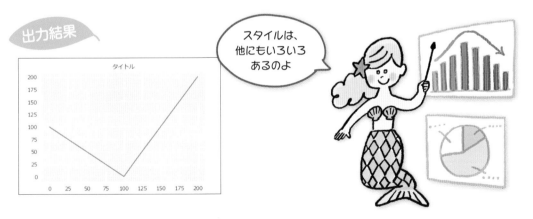※日本語の表示ができることを確認するため、「plt.title("タイトル")」で、日本語の文字を表示させています。

出力結果

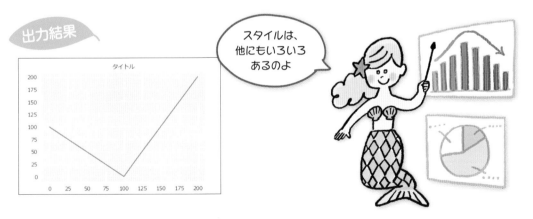

先ほどと同じグラフですが、こちらは少しきれいに表示されました。

LESSON
11

107

MEMO **seabornのスタイルの変更**

seaborn は、スタイル（グラフ全体の色など）を変更することができます。「sns.set(style="スタイル", font=[" フォント名 "])」と命令します。スタイルには、"dark"（暗い色）、"darkgrid"（暗い色で線あり）、"white"（白）、"whitegrid"（白で線あり）、"ticks"（目盛り付き）などを指定できます（リスト 4.3）。

【例】 リスト 4.3

```
#sns.set(style="dark", font=["Meiryo"]) ↵
# Windows
#sns.set(style="dark", font=["Hiragino Maru ↵
Gothic Pro"]) # macOS
#sns.set(style="dark", font=["IPAexGothic"]) ↵
# Colab Notebook
plt.plot([0,100,200],[100,0,200])
plt.title("タイトル")
plt.show()
```

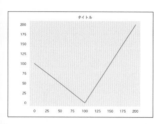

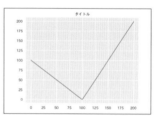

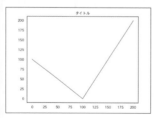

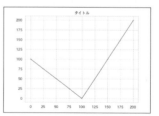

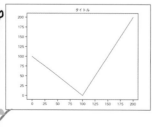

データのばらつきがわかる：ヒストグラム

　「データのばらつき」を知りたいときは、度数分布表という「表」にしましたが、グラフで見ることもできます。それが「ヒストグラム」です。

　第3章で使った度数分布表のデータを、ヒストグラムで表示してみましょう。データは、この「ケーキのおいしさのアンケート結果」でしたね。グラフで表示するので、あらかじめmatplotlibとseabornをimportして、フォントの設定もしておきます（リスト4.4）。

【入力プログラム】リスト 4.4

```python
import pandas as pd
import matplotlib.pyplot as plt
import seaborn as sns
#sns.set(font=["Meiryo"]) # Windows
#sns.set(font=["Hiragino Maru Gothic Pro"]) # macOS
#sns.set(font=["IPAexGothic"]) # Colab Notebook

data = {
    "A案" : [1,10,1,10,1,10,1,10],
    "B案" : [5,5,5,5,6,6,6,6],
    "C案" : [1,2,3,4,7,8,9,10]
}
df = pd.DataFrame(data)
df
```

LESSON
11

出力結果

	A案	B案	C案
0	1	5	1
1	10	5	2
2	1	5	3
3	10	5	4
4	1	6	7
5	10	6	8
6	1	6	9
7	10	6	10

度数分布表の例

階級	A案	B案	C案
1〜2	4	0	2
3〜4	0	0	2
5〜6	0	8	0
7〜8	0	0	2
9〜10	4	0	2

度数分布表だと、こうだったね。

ヒストグラムも度数分布表と同じように、範囲に区切って作ります。範囲をいくつに区切るかという「階級」を「bins=」で指定して、「データフレーム.plot.hist(bins=bins)」と命令します。

データ分析の命令：列データのヒストグラムを表示する

- 必要なライブラリ：**pandas、matplotlib、(seaborn)**
- 命令

```
df["列名"].plot.hist(bins=区切る範囲)
plt.show()
```

- 出力：列データのばらつきがわかるヒストグラム

そして、グラフにはぜひ「タイトル」も付けましょう。どちらでもいいことのように思えますが、けっこう重要なことです。というのは、データ分析は「ある問題を解決するため」に行っています。このグラフも「その問題解決の一歩」として作っています。タイトルを付けることで「そもそも何のために、このグラフを作ろうとしたんだろう」と再確認しやすくなりますし、このグラフを他の人が見るときも「このグラフは、ここを見ればいいのか」と、グラフの注目点がわかりやすくなります。

タイトルを付けるには、「plt.title("タイトル")」と命令します。例えば、このグラフは「3種類のケーキのアンケートから、感想の違いを調べよう」としたものです。ですので「ケーキの感想はどのように違うか？」などと付けてみます（リスト4.5）。

【入力プログラム】リスト4.5

```
bins=[1,3,5,7,9,11]

df.plot.hist(bins=bins)
plt.title("ケーキの感想はどのように違うか？")
plt.show()
```

出力結果

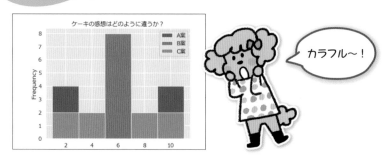

カラフル～！

　こうして見ると、ヒストグラムは度数分布表をグラフ化したものだということがわかりますね。表よりもデータの分布が視覚的にわかりやすくなりました。

　このように結果が表示されましたが、「グラフが出たからこれで終わり」ではなく、「このグラフから何がわかったか」まで、もう少し考えましょう。例えば、この結果を見ると「A案はおいしいとまずいに極端に分かれていて、B案は真ん中に集中していて、C案がばらけていた」というのがわかりますね。

　グラフを作る前に「何のためのグラフなのか」を意識して、グラフが表示されたら「ここから何が読み取れるか」を考える。この積み重ねで、ただの客観的なデータが、人間にとって意味のあるデータになってくるのです。

　もう少し、列ごとに分けて表示したいな、と思うこともあると思います。そのようなときは、「データフレーム["列名"]」で指定すれば、別々のグラフとして表示できます（リスト4.6）。

【入力プログラム】リスト4.6

```
df["A案"].plot.hist(bins=bins)
plt.title("A案のケーキの感想")
plt.show()

df["B案"].plot.hist(bins=bins)
plt.title("B案のケーキの感想")
plt.show()

df["C案"].plot.hist(bins=bins)
plt.title("C案のケーキの感想")
plt.show()
```

出力結果

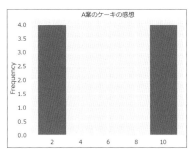

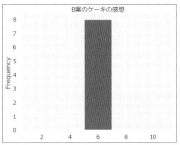

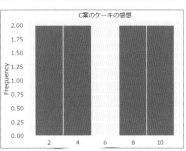

LESSON
11

ヒストグラムも
おてのもの！

LESSON
12

基本的なグラフを作ろう

棒グラフ、折れ線グラフ、円グラフの役割を知りましょう。

 ## 大小を比較できる：棒グラフ

　matplotlibライブラリは、いろいろなグラフを表示させることができます。基本的なグラフを順番に見ていきましょう。まずは「棒グラフ」です。

　棒グラフは「数量の大小を比較できるグラフ」です。「棒の高さ」がそれぞれの量を表しています。AクラスとBクラスの比較、東京店と大阪店の比較、といったように「それぞれ独立した値を比較するとき」に使います。

　例を使って、見てみましょう。

　ある成績データがあったとします。3名の国語と数学と英語のデータです。この成績の比較をしてみましょう（リスト4.7）。

【入力プログラム】リスト4.7

```
import pandas as pd
import matplotlib.pyplot as plt
import seaborn as sns
#sns.set(font=["Meiryo"]) # Windows
#sns.set(font=["Hiragino Maru Gothic Pro"]) # macOS
#sns.set(font=["IPAexGothic"]) # Colab Notebook

data = {
```

```
    "名前" :  ["A太","B介","C子"],
    "国語" : [60,80,100],
    "数学" : [65,85,100],
    "英語" : [66,88,100]
}
df = pd.DataFrame(data)
df
```

出力結果

	名前	国語	数学	英語
0	A太	60	65	66
1	B介	80	85	88
2	C子	100	100	100

　このデータを棒グラフで表示してみます。棒グラフにするには、「データフレーム.plot.bar()」と命令します。列データのそれぞれの値が、棒グラフの棒の高さとして表示されていきます。

LESSON
12

データ分析の命令（列データの棒グラフを表示する）

- 必要なライブラリ：**pandas**、**matplotlib**、**(seaborn)**
- 命令

```
df.plot.bar()
plt.show()
```

- 出力：**列データの棒グラフ**

　単純に成績を比べたいだけなので、タイトルは「3名の成績」と付けました（リスト4.8）。

【入力プログラム】リスト 4.8

```
df.plot.bar()
plt.title("3名の成績")
plt.show()
```

出力結果

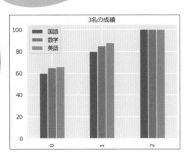

もしわたしのテストデータも
比較されることを考えると……
ぞっとするわ。

　数値データの「国語」「数学」「英語」の列がグラフ化されました。ただし、文字列データの「名前」の列はグラフ化できないので、自動的に表示対象から外されています。グラフの横軸を見ると、インデックス番号（0、1、2）が表示されていて、よくわからないですね。そこで、「名前」の列を、インデックスに使いましょう。「df.set_index("列名"、inplace=True)」で指定します（リスト4.9）。

【入力プログラム】リスト4.9

```
df.set_index("名前", inplace=True)
df
```

出力結果

	国語	数学	英語
名前			
A太	60	65	66
B介	80	85	88
C子	100	100	100

　このデータで再び棒グラフを表示しましょう。今度は横軸に名前が表示されるようになります（リスト4.10）。

【入力プログラム】リスト4.10

```
df.plot.bar()
plt.title("3名の成績")
plt.show()
```

出力結果

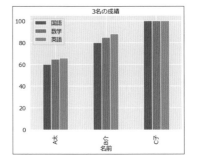

　この結果を見ると、「C子さんの棒グラフがどれも高く、C子さんはすべての科目でがんばっているなあ」というのがわかりますね。

　もう少し、ある列データだけに注目してみたいな、と思うこともあると思います。そのようなときは、「df["列名"]」と指定します。「国語」の列データだけでグラフを表示してみましょう（リスト4.11）。

【入力プログラム】リスト4.11

```python
df["国語"].plot.bar()
plt.title("国語の成績")
plt.show()
```

出力結果

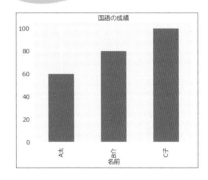

MEMO **棒グラフとヒストグラムの違い**

棒グラフとヒストグラムの見た目は似ていますが、「グラフの意味」や「見方」に違いがあります。ひとことでいうと「棒グラフは高さを見て、ヒストグラムは面積を見る」という違いです。
棒グラフは「数量を比較するためのグラフ」です。それぞれの棒が「独立したデータ」なので、棒の間には間隔が空いています。棒の高さが「それぞれの量」を表しているので、高さを見て比較をします。ヒストグラムは「1種類のデータのばらつきを見るグラフ」です。それぞれの棒は「データ全体を、いくつかに区切ったそれぞれのデータ数」なので、「連続したデータ」です。そのため、棒の間に間隔はありません。ある範囲にどれだけデータがあるかは、その範囲の棒の面積を見て調べます。

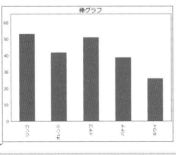

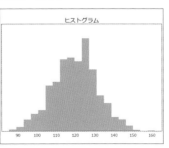

変化がわかる：折れ線グラフ

次は「折れ線グラフ」を見てみましょう。

折れ線グラフは「時間的な値の変化がわかるグラフ」です。時間で変化するデータに使うので、項目名が「年、月、日、時、分」になっているなど「時系列に並んでいるデータ」に使います。

例として、気温の変化を見てみましょう。

例えば、東京、那覇、札幌の1年間の気温のデータがあったとします。この気温の変化を見てみましょう（リスト4.12）。

【入力プログラム】リスト4.12

```python
import pandas as pd
import matplotlib.pyplot as plt
import seaborn as sns
#sns.set(font=["Meiryo"]) # Windows
#sns.set(font=["Hiragino Maru Gothic Pro"]) # macOS
#sns.set(font=["IPAexGothic"]) # Colab Notebook

data = {
    "月" : [1,2,3,4,5,6,7,8,9,10,11,12],
    "東京" : [5.6, 7.2, 10.6, 13.6, 20.0, 21.8, 24.1, 28.4, 25.1,↵
19.4, 13.1, 8.5],
    "那覇" : [18.1, 20.0, 19.9, 22.3, 24.2, 26.5, 28.9, 29.2,↵
28.0, 26.0, 23.1, 20.0],
    "札幌" : [-3.0, -2.6, 2.5, 8.0, 15.7, 17.4, 21.7, 22.5, 19.3,↵
13.3, 3.9, -0.8]
}
df = pd.DataFrame(data)
df.head()
```

出力結果

	月	東京	那覇	札幌
0	1	5.6	18.1	-3.0
1	2	7.2	20.0	-2.6
2	3	10.6	19.9	2.5
3	4	13.6	22.3	8.0
4	5	20.0	24.2	15.7

インデックスと月の数字がずれているので、「月」の列を、インデックスとして指定しましょう（リスト4.13）。

【入力プログラム】リスト 4.13

```
df.set_index("月", inplace=True)
df.head()
```

出力結果

月	東京	那覇	札幌
1	5.6	18.1	−3.0
2	7.2	20.0	−2.6
3	10.6	19.9	2.5
4	13.6	22.3	8.0
5	20.0	24.2	15.7

このデータを折れ線グラフで表示してみます。折れ線グラフにするには、「データフレーム.plot()」と命令します。列データの値の変化が、折れ線で表示されていきます。

データ分析の命令：列データの折れ線グラフを表示する

- 必要なライブラリ：pandas、matplotlib、(seaborn)
- 命令

```
df["列名"].plot()
plt.show()
```

- 出力：列データの折れ線グラフ

LESSON
12

気温の変化を見てみたいので、タイトルは「日本の気温の変化」と付けました（リスト4.14）。

【入力プログラム】リスト 4.14

```
df.plot()
plt.title("日本の気温の変化")
plt.show()
```

出力結果

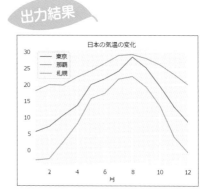

東京、那覇、札幌の気温の変化が表示されました。3つの折れ線は高さも違いますし、曲がり方にも違いがありますね。この結果を見ると、「那覇が暑く札幌が寒いだけというだけでなく、札幌は寒暖差が大きいけれど、那覇はゆるやかなんだな」などとわかります。

もう少し、ある都市の気温だけに注目してみたいな、と思うこともあると思います。そのようなときは、「df["列名"]」と指定します。「東京」の気温データだけでグラフを表示してみましょう（リスト4.15）。

【入力プログラム】リスト 4.15

```
df["東京"].plot()
plt.title("東京の気温の変化")
plt.show()
```

出力結果

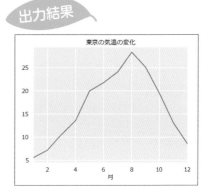

要素の割合を比較できる：円グラフ

次は「円グラフ」を見てみましょう。

円グラフは「全体に対する要素の割合がわかるグラフ」です。「すべての要素の値を合計して100%になるデータ」に使います。

例として、あるお菓子の好き嫌いの割合を見てみましょう。クッキーとケーキで、好きか嫌いかのアンケートデータがあったとします。好き、嫌いの割合を見てみましょう（リスト4.16）。

【入力プログラム】リスト 4.16

```
import pandas as pd
import matplotlib.pyplot as plt
import seaborn as sns
#sns.set(font=["Meiryo"]) # Windows
#sns.set(font=["Hiragino Maru Gothic Pro"]) # macOS
#sns.set(font=["IPAexGothic"]) # Colab Notebook

data = {
    "クッキー" : [35,47,18],
```

```
    "ケーキ" : [62,26,12]
}
idx = ["好き","普通", "嫌い"]
df = pd.DataFrame(data, index=idx)
df
```

出力結果

	クッキー	ケーキ
好き	35	62
普通	47	26
嫌い	18	12

わたしは、クッキーも
ケーキも好きだよ！

　このデータを円グラフで表示してみます。円グラフにするには、「データフレーム.plot.
pie()」と命令します。円グラフは、列データ全体で円を作り、各要素の割合を扇形の大き
さで表します。

LESSON
12

データ分析の命令：列データの円グラフを表示する

- 必要なライブラリ：**pandas**、**matplotlib**、**(seaborn)**
- 命令

```
df["列名"].plot.pie()
plt.show()
```

- 出力：列データの円グラフ

タイトルは「お菓子の好き嫌いは、どのような割合か？」と付けました（リスト4.17）。

【入力プログラム】リスト 4.17

```
df["クッキー"].plot.pie()
plt.title("お菓子の好き嫌いは、どのような割合か？")
plt.show()
```

出力結果

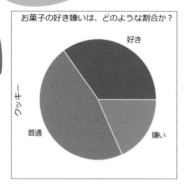

なんかこの円グラフ、変じゃない？

　円グラフが表示されました。しかし、何か違和感があります。

　matplotlibの円グラフは、「右側から始まって反時計回り」に描かれるからです。一般的な円グラフのように「真上から始まって時計回り」に描くように変更しましょう。オプションで「startangle=90, counterclock=False」と指定します。さらに、「好き」「嫌い」「普通」の文字が円グラフの外側に出てしまっています。もう少し内側に表示させましょう。オプションに「labeldistance=0.5」を追加します（リスト4.18）。

【入力プログラム】 リスト4.18

```
df["クッキー"].plot.pie(startangle=90, counterclock=False,
                        labeldistance=0.5)
plt.title("お菓子の好き嫌いは、どのような割合か？")
plt.show()
```

出力結果

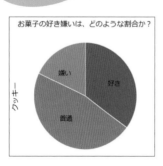

グラフの中に文字が入ったね。

　見慣れた円グラフになりましたね。同じように、ケーキの円グラフも表示させましょう（リスト4.19）。

【入力プログラム】リスト 4.19

```
df["ケーキ"].plot.pie(startangle=90, counterclock=False,
                      labeldistance=0.5)
plt.title("お菓子の好き嫌いは、どのような割合か？")
plt.show()
```

出力結果

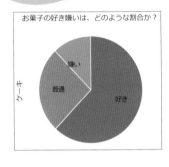

ケーキ派が多いね！

　この結果を見ると、「クッキーはわりと普通が多くて、ケーキは好きな人が多いなあ」などとわかりますね。

MEMO　棒グラフ・折れ線グラフ・円グラフの見分け方

棒グラフ、折れ線グラフ、円グラフは扱うデータの性格が違うので、以下の3つの質問で見ていけば、どのグラフを使えばいいかをだいたい見分けることができます。

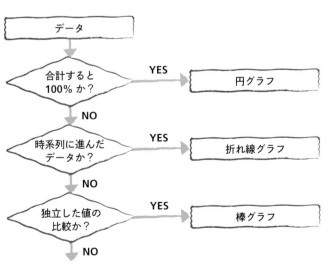

LESSON

13

ばらつきのわかるグラフ

ここでは箱ひげ図、散布図の使い方と作り方を説明します。

データのばらつきを比較できる：箱ひげ図

次は「箱ひげ図」を見てみましょう。

箱ひげ図は「データのばらつきを比較できるグラフ」です。「データのばらつき」はヒストグラムでわかりますが、「1種類のデータのばらつき」はよくわかるのですが、複数のデータのばらつきを比較しようとすると、ごちゃごちゃしてわかりにくくなってしまいます。そのようなときに、箱ひげ図を使うと便利です。

箱ひげ図は、四角形（箱）と、その上下に延びた線（ひげ）でできた図で、データ全体を4つに分けて考えます。25％ライン（第1四分位数）〜75％ライン（第3四分位数）の箱を作り、50％ライン（第2四分位数）に線を引きます（50％ラインとは中央値です）。その箱から「最小値」と「最大値」へ、ひげを延ばし、外れすぎて外れ値と思われる部分は、点で表した図です。

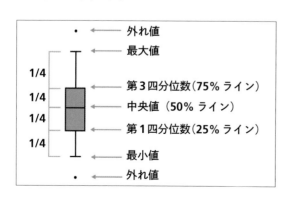

箱ひげ図は株で使うローソク足に似ているけど見方が違うよ

　箱ひげ図も、ヒストグラムと同じようにデータの分布がわかる図なので、並べて見比べてみましょう。

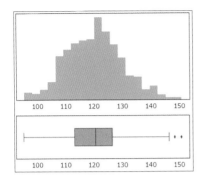 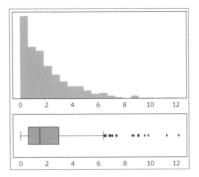

　箱ひげ図も、ヒストグラムと同じように「どこにデータが集まっていて、どのようにばらついているか」などがわかりますね。ただし、注意する点もあります。複数の山を持つ分布はうまく表すことができないのです。

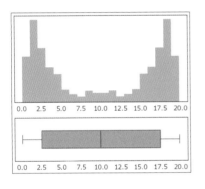

複数の山を持つ
分布を表すのは
苦手なんだね

　それでは例として、ある2つのクラスの身長のばらつきを箱ひげ図で比較してみましょう。AクラスとBクラスの身長のデータがあったとします（リスト4.20）。

【入力プログラム】リスト 4.20

```python
import pandas as pd
import matplotlib.pyplot as plt
import seaborn as sns
#sns.set(font=["Meiryo"]) # Windows
#sns.set(font=["Hiragino Maru Gothic Pro"]) # macOS
#sns.set(font=["IPAexGothic"]) # Colab Notebook
```

```
data = {
    "Aクラス" :[163.6, 172.6, 163.7, 167.1, 169.9, 173.9, 170.1,⏎
166.2, 176.7, 165.4],
    "Bクラス" :[166.9, 172.7, 166.4, 173.4, 169.6, 171.8, 166.9,⏎
168.2, 166.7, 169.8]
}
df = pd.DataFrame(data)
df.head()
```

出力結果

	Aクラス	Bクラス
0	163.6	166.9
1	172.6	172.7
2	163.7	166.4
3	167.1	173.4
4	169.9	169.6

　このデータを箱ひげ図で表示してみます。箱ひげ図は、matplotlibにも「df.boxplot()」という命令がありますが、seabornの「sns.boxplot(data=データフレーム, width=幅)」という命令のほうが、色付きできれいに表示できるのでこちらを使ってみます（リスト4.21）。

データ分析の命令：各列データの箱ひげ図を表示する

- 必要なライブラリ：**pandas**、**matplotlib**、**seaborn**
- 命令

```
sns.boxplot(data=df, width=幅)
plt.show()
```

- 出力：各列データの箱ひげ図

【入力プログラム】リスト 4.21

```
sns.boxplot(data=df, width=0.2)
plt.title("身長のばらつきに違いはあるか？")
plt.show()
```

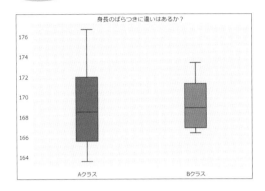

ばらつきがわかるね

　この結果を見てみましょう。Aクラスはひげが長く、Bクラスはひげが短いですね。「Aクラスのほうがばらつきが大きく、Bクラスのほうがまとまっているなあ」とわかります。また、箱の中の線を見るとAクラスとBクラスで高さが違います。「Aクラスのほうが身長の高い生徒はいるけれど、中央値はBクラスのほうが高い」ということもわかります。本当でしょうか。中央値を出力して確かめてみましょう（リスト4.22）。

LESSON
13

【入力プログラム】リスト 4.22

```
print(df.median())
```

出力結果

```
Aクラス      168.5
Bクラス      168.9
dtype: float64
```

確かにBクラスのほうが高いですね。

2種類のデータの関係性がわかる：散布図

次は「散布図」を見てみましょう。

散布図は「2種類のデータの関係性がわかるグラフ」です。「あるデータと別のデータに関係性があるかを目で見て確認するとき」に使います。

例として、身長と体重に関係があるかを見てみましょう。これは、あるクラスの身長と体重のデータです（リスト4.23）。

【入力プログラム】リスト4.23

```python
import pandas as pd
import matplotlib.pyplot as plt
import seaborn as sns
#sns.set(font=["Meiryo"]) # Windows
#sns.set(font=["Hiragino Maru Gothic Pro"]) # macOS
#sns.set(font=["IPAexGothic"]) # Colab Notebook

data = {
    "身長" :[163.6, 172.6, 163.7, 169.9, 173.9, 166.2, 176.7,↵
165.4],
    "体重" :[50.5, 63.3, 48.5, 59.8, 69.8, 53.7, 70.3, 51.2]
}
df = pd.DataFrame(data)
df.head()
```

出力結果

	身長	体重
0	163.6	50.5
1	172.6	63.3
2	163.7	48.5
3	169.9	59.8
4	173.9	69.8

このデータを散布図で表示してみます。散布図を表示させるときは、「データフレーム.plot.scatter(x="横軸の列名", y="縦軸の列名", color="色")」と命令します。

色の名前は、"black"、"red"、"blue"、"green"などと指定したり、簡略化した、"k"（黒）、"r"（赤）、"g"（緑）、"b"（青）、"y"（黄）、"c"（シアン）、"m"（マゼンタ）などと指定できます。

データ分析の命令：散布図を表示する

- 必要なライブラリ：**pandas**、**matplotlib**
- 命令

```
df.plot.scatter(x="横軸の列名", y="縦軸の列名", color="色")
plt.show()
```

- 出力：指定した列データの散布図

タイトルは「身長と体重に関係はあるか？」と付けました（リスト4.24）。

【入力プログラム】リスト 4.24

```
df.plot.scatter(x="身長", y="体重", color="b")
plt.title("身長と体重に関係はあるか？")
plt.show()
```

出力結果

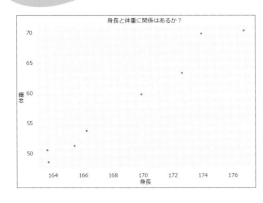

点の分布から、見えてくることがあるよ

身長と体重の分布が表示されました。

点が右上に向かって並んでいますね。この結果を見ると、「身長が高いと、体重が重くなるので、関係がありそうだなあ」などとわかります。

LESSON
14

グラフをわかりやすく調整する

重要な部分を目立たせるワザを身につけましょう。

グラフのある点を目立たせる

　いろいろなグラフを描けるようになりましたので、もう少しグラフをわかりやすくする方法も見てみましょう。

　例えば、散布図にはたくさんの点がありますが、「この値は、この中のどこにあるんだろう？」などと思うことがあります。そんな「ある1つの点を目立たせたいとき」には、「マーカー」を表示させて目立たせることができます。マーカーを表示するには、グラフを表示させたあとに、「plt.plot(x座標, y座標, color="色", marker="マーカー", markersize=サイズ)」と命令して、マーカーを追加表示させることができます（グラフの種類によってできない場合もあります）。マーカーは、"o"（丸）、"X"（バツ）、"v"、"^"、"<"、">"（三角）などの形を指定できます。

データ分析の命令：グラフに目立つ 1 つの点を追加する

- 必要なライブラリ：**pandas、matplotlib**
- 命令

```
#　グラフを表示するplotの命令
plt.plot(X座標, Y座標, color="色", marker="X", markersize=サイズ)
plt.show()
```

- 出力：グラフに目立つ1つの点を追加する

例えば、「私の位置」をマーカーで表示するとしましょう。私のデータが「3行目」だったとします。3行目のX座標は、「df.iloc[3]["身長"]」、Y座標は「df.iloc[3]["体重"]」です（リスト4.25）。

【入力プログラム】リスト4.25

```
df.plot.scatter(x="身長", y="体重", color="b")

x=df.iloc[3]["身長"]
y=df.iloc[3]["体重"]
plt.plot(x, y, color="r", marker="X", markersize=10)

plt.title("私はどこにいるか")
plt.show()
```

出力結果

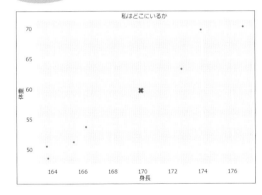

赤い×印が出た！

 ## グラフに線を引く

また、ある点がどこにあるかがもっとわかるように、縦横に線を引くこともできます。

グラフを表示させたあとに、線を引く命令を追加します。垂直線は「plt.axvline(x=X座標, color="色", linestyle="線の種類")」と、水平線は「plt.axhline(y=Y座標, color="色", linestyle="線の種類")」と命令します（グラフの種類によってできない場合もあります）。

線の種類には、"-"（直線）、"--"（破線）、"-."（一点鎖線）、":"（点線）などが指定できます。

LESSON
14

データ分析の命令：グラフに垂直線、水平線を追加する

- 必要なライブラリ：**pandas**、**matplotlib**
- 命令

```
# グラフに水平線と垂直線を引く命令
plt.axvline(x=X座標, color="色", linestyle="--")
plt.axhline(y=Y座標, color="色", linestyle="--")
plt.show()
```

- 出力：グラフに**垂直線**（axvline）、**水平線**（axhline）を追加する

先ほどの、私の位置に垂直線と水平線を追加してみましょう（リスト4.26）。

【入力プログラム】リスト 4.26

```
df.plot.scatter(x="身長", y="体重", color="b")
plt.title("私はどこにいるか")

x=df.iloc[3]["身長"]
y=df.iloc[3]["体重"]
plt.plot(x, y, color="r", marker="X", markersize=10)

plt.axvline(x=x, color="r", linestyle="--")
plt.axhline(y=y, color="r", linestyle="--")

plt.show()
```

出力結果

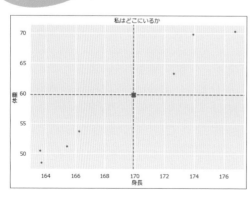

線があると
何 cm で何 kg かが、
見やすいね！

第5章
これって普通なこと?
珍しいこと?:
正規分布

お！ヒストグラムができたね！

そうなの。でもこれで何がわかるのかな？

いい質問だね。昔の人もそういったことを考え、すばらしい考え方を用意してくれているんだ。

おじいちゃんくらいの人かな？

いやもっと古いよ。200年以上前の人だよ。

そんな昔から！

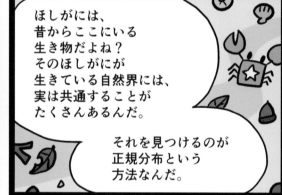

ほしがには、昔からここにいる生き物だよね？そのほしがにが生きている自然界には、実は共通することがたくさんあるんだ。

それを見つけるのが正規分布という方法なんだ。

せいきぶんぷ？

うん。共通することを調べていく中で、「ふつうのことなのか」「めったにないことなのか」がわかってくるんだ。

へええ！

それじゃ見ていくよ！準備はいいかい？

おっけいよ！

この章でやること

標準偏差

$$標準偏差 = \sqrt{分散}$$

標準偏差？

正規分布

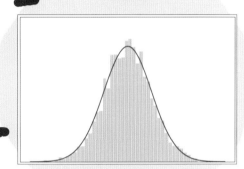

何やらいろいろ
できそうね！

ばらつきを正規分布と比べる

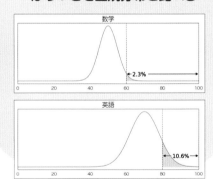

偏差値、IQ

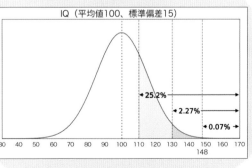

偏差値やIQを
求められるよ！

LESSON 15

データのばらつきを数値で表す

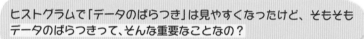

データのばらつきを数値で表す「分散」と「標準偏差」について見ていきましょう。

ヒストグラムで「データのばらつき」は見やすくなったけど、そもそもデータのばらつきって、そんな重要なことなの？

データのばらつきを利用すると、とても便利なことがあるんだ。自然界では、似たようなばらつきの形になることが多いんだよ。

ばらつきの形が？

それを「正規分布」というんだけど、この形を使うと「普通のことなのか、珍しいことなのか」がすぐわかるんだ。

ただのばらつきから、そんなことがわかるの？

かしこい人たちが見つけた便利な道具なんだよ。そのために、まず「標準偏差（ひょうじゅんへんさ）」から見ていこう。

　「データのばらつき」は、度数分布表やヒストグラムという「表」や「グラフ」にして目で見ることができましたが、「1つの数値」で知ることもできます。それが「標準偏差」です。
　ところで、そもそも「ばらつき」とは何でしょうか？
　具体的な例を見ながら考えてみましょう。

わかりやすいように、わざと「平均値が同じで、ばらつきが違う2種類のデータ」を用意しました。「0～100の間でばらついているデータ」です。

まずは、AとBの平均値を見てみましょう（リスト5.1）。

【入力プログラム】リスト 5.1

```python
import pandas as pd
data = {
    "ID": [0,1,2,3,4,5,6,7,8,9],
    "A" : [59, 24, 62, 48, 58, 19, 32, 88, 47, 63],
    "B" : [49, 50, 49, 54, 45, 52, 56, 48, 45, 52]
}
df = pd.DataFrame(data)
print(df["A"].mean())
print(df["B"].mean())
```

出力結果

平均値は同じね

```
50.0
50.0
```

AとBは、平均値が同じですね。では、これらがどのような分布になっているか、グラフで見てみましょう。「散布図」を使って、データが散らばっている様子を点で表示してみます。横軸に番号のID、縦軸に列データ名を指定して表示します。比較をしたいので、「ylim=(0,100)」と設定して、どちらも縦軸をそろえます。さらに、平均値（50）に水平線を引いておきます（リスト5.2）。

※「ylim=(0,100)」とは、y軸を 0 から 100 までの範囲で表示させるパラメータです。

Colab Notebookでは、日本語フォントを使うために、そのページの最初のほうで1回以下のように命令しておきましょう。

【入力プログラム】Colab Notebook 用

```
!pip install japanize-matplotlib
import japanize_matplotlib
```

【入力プログラム】リスト 5.2

```python
import matplotlib.pyplot as plt
import seaborn as sns
#sns.set(font=["Meiryo"]) # Windows
#sns.set(font=["Hiragino Maru Gothic Pro"]) # macOS
#sns.set(font=["IPAexGothic"]) # Colab Notebook

df.plot.scatter(x="ID", y="A", color="b", ylim=(0,100))
plt.axhline(y=50, c="Magenta")
plt.title("Aのばらつき：大きい")
plt.show()

df.plot.scatter(x="ID", y="B", color="b", ylim=(0,100))
plt.axhline(y=50, c="Magenta")
plt.title("Bのばらつき：小さい")
plt.show()
```

出力結果

上下にばらついて
いるね

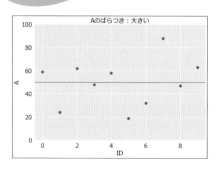
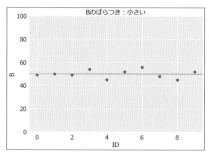

　データが、平均値から上下にばらついていることがわかりますね。どのくらい上下にば
らついているのかを矢印で表すとこのようになります。

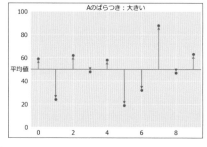
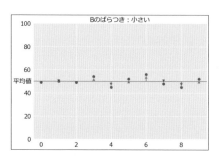

この「上下にばらついている様子」を「1つの数値」で表現するにはどうすればいいでしょうか。上下のばらつきは、「各データと平均値の差」ですから、これらを合計して平均してみたいと思います。つまり「このデータ全体は、平均値からどれだけ上下にばらついているか」を「1つの数値」で表そうというわけです。

ばらつきを1つの数値で表すんだね

平均値からどれだけ上下にばらついているかを求めたい

ただし、そのまま「差を合計」すると、0になってしまいます。というのは、もともと「平均値は、上下のばらつきが0になるように平らに均した値」だからです。平均値からの上下部分を合計すれば、打ち消し合って再び0に戻ってしまうのは当然です。

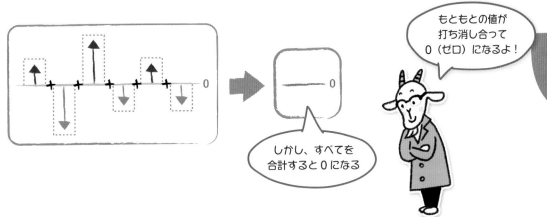

もともとの値が打ち消し合って0（ゼロ）になるよ！

しかし、すべてを合計すると0になる

プラス部分とマイナス部分が打ち消し合って0になるのが問題なので、マイナス部分をプラスにしようというアイデアが出てきました。「各データと平均値の差を2乗」すれば、マイナスがプラスになります。こうすれば、打ち消し合うことがなくなるというわけです。これを「分散」といいます。「データが分かれて散らばっている様子を表している」ので「分散」です。

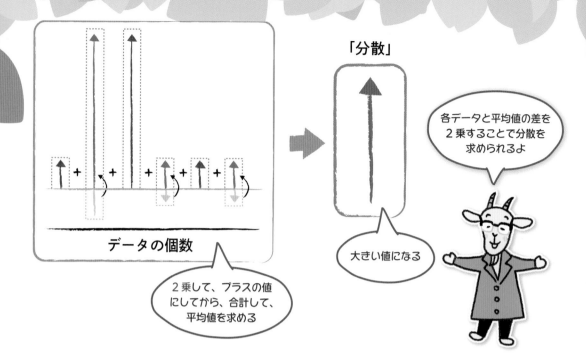

計算では、「分散 ＝ 平均値からの差の2乗の合計 ÷ データの個数」で求めます。

$$分散 = \frac{（平均値からの差）^2 \text{ の合計}}{データの個数}$$

pandasで分散を求めるときは、「データフレーム.var()」と命令します（リスト5.3）。試してみましょう。

データ分析の命令：各列データの分散を求める

- 必要なライブラリ：**pandas**
- 命令

```
df.var()
```

- 出力：各列データの分散

【入力プログラム】リスト 5.3

```
print(df.var())
```

出力結果

```
ID          9.166667
A         430.666667
B          12.888889
dtype: float64
```

　分散の値が表示されました。すべての列データの分散を求めるので、IDの分散まで表示されますが、AとBの値にだけ注目しましょう。ただ、「0～100の間のデータのばらつき」を知りたかったのに、430といった大きな値ですね。

　これは分散が「2乗した値」を使っているからで、もとの値が大きければ結果もどんどん大きくなっていきます。そこで、「2乗したのだから、平方根でもとの単位に戻そう」という方法が考えられました。それが「標準偏差」です。

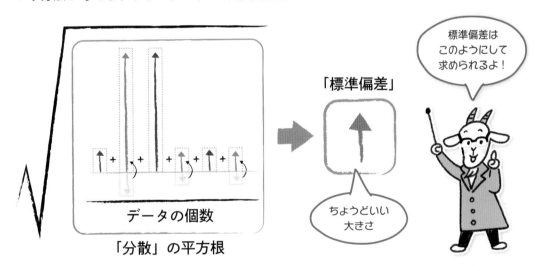

「標準偏差」

標準偏差はこのようにして求められるよ！

ちょうどいい大きさ

データの個数

「分散」の平方根

LESSON
15

　計算では、「分散の平方根」で求めます。

$$標準偏差 = \sqrt{分散}$$

　pandasでは、「データフレーム.std()」と命令します。試してみましょう（リスト5.4）。

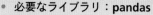
データ分析の命令：各列データの標準偏差を求める

- 必要なライブラリ：**pandas**
- 命令

```
df.std()
```

- 出力：各列データの標準偏差

A のばらつきが
大きいってわかるね。

【入力プログラム】リスト 5.4

```
print(df.std())
```

出力結果

```
ID        3.02765

A        20.75251

B         3.59011

dtype: float64
```

　結果が表示されました。これだと、数値を見るだけで、「0〜100の間のデータで、Aは20.8もあるのだから、ばらつきがそこそこあるなあ。Bは3.6なのでばらつきが小さいな」などとわかります。このように、標準偏差は「もとの単位に合わせた1つの数値でデータのばらつきを表す」ことができるのです。

ある範囲にどのくらいデータがあるかがわかる

　この標準偏差は、とても便利な値です。「どのくらいばらついているか」がわかるだけでなく、分布がある形をしている場合には、「ある範囲にどのくらいデータがあるか」までわかるのです。例えば「このようなデータは、全体の約68％が 平均値 - 標準偏差 から 平均値 + 標準偏差 の範囲に集まっている」ということがわかるのです。

　試しに、調べてみましょう。先ほどのAのデータの「平均値」と「標準偏差」を求めて、Aの範囲を見てみます（リスト5.5）。

【入力プログラム】リスト 5.5

```
meanA = df["A"].mean()
stdA = df["A"].std()
print(meanA - stdA, "〜", meanA + stdA)
```

出力結果

```
29.247490111635493 ～ 70.7525098883645
```

「Aのデータは約68%が、29.2〜70.8の範囲にある」と結果が出ました。

さらに、Bのデータの「平均値」と「標準偏差」も求めて、Bの範囲を見てみましょう（リスト5.6）。

【入力プログラム】リスト 5.6

```
meanB = df["B"].mean()
stdB = df["B"].std()
print(meanB - stdB, "～", meanB + stdB)
```

出力結果

```
46.409890128577 ～ 53.590109871423
```

「Bのデータは約68%が、46.4〜53.6の範囲にある」と結果が出ました。本当でしょうか。このグラフの上に、線を引いてみましょう。Aの29.2と70.8の高さと、Bの46.4と53.6の高さに水平線を引いてみました。

LESSON
15

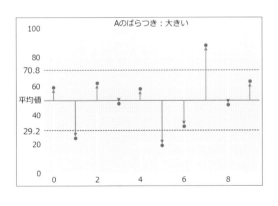

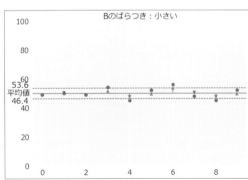

データが少ないので誤差はあるようですが、「標準偏差の線ではさまれた範囲が、データの約68%の範囲を示している」っぽいのがわかります。

これは、「散布図の中に標準偏差の線を引いたもの」ですが、「ヒストグラム」の中では標準偏差はどのようになるのでしょうか。試してみましょう。

まず、このデータをヒストグラムで表示してみます。比較をしたいので、「ylim=(0,6)」と設定して、どちらも縦軸をそろえます（リスト5.7）。

【入力プログラム】リスト5.7

```
bins=[10,15,20,25,30,35,40,45,50,55,60,65,70,75,80,85,90,95,100]

df["A"].plot.hist(bins=bins, color="c",ylim=(0,6))
plt.title("Aのばらつき：大きい")
plt.show()

df["B"].plot.hist(bins=bins, color="c",ylim=(0,6))
plt.title("Bのばらつき：小さい")
plt.show()
```

出力結果

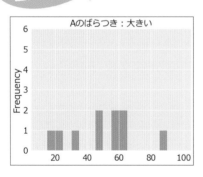

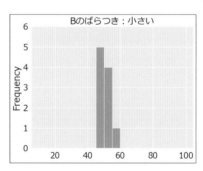

さっきの散布図を横に倒したみたいな感じね。

ヒストグラムは、「横軸が階級で、縦軸が度数」です。横軸は、そのデータが取り得る値なので、「平均値」も横軸のどこかにあります。また「約68％の範囲を表す値」も横軸のどこかにあるはずです。

ですので、「平均値」「平均値 - 標準偏差」「平均値 + 標準偏差」の位置に垂直線を引いてみましょう。わかりやすいように違う色にしてみます。「平均値」をマゼンタ色の線で、「約68％の範囲」を青い点線と赤い点線で表示します（リスト5.8）。

【入力プログラム】リスト5.8

```python
df["A"].plot.hist(bins=bins, color="c",ylim=(0,6))
plt.axvline(x=meanA, color="magenta")
plt.axvline(x=meanA - stdA, color="blue", linestyle="--")
plt.axvline(x=meanA + stdA, color="red", linestyle="--")
plt.title("Aのばらつき：大きい")
plt.show()

df["B"].plot.hist(bins=bins, color="c",ylim=(0,6))
plt.axvline(x=meanB, color="magenta")
plt.axvline(x=meanB - stdB, color="blue", linestyle="--")
plt.axvline(x=meanB + stdB, color="red", linestyle="--")
plt.title("Bのばらつき：小さい")
plt.show()
```

出力結果

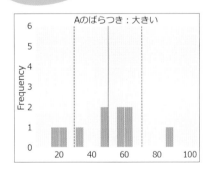

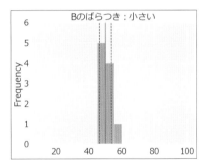

範囲がわかった！

LESSON
15

　データが少ないので誤差はありますが、ヒストグラムで見ても「標準偏差の線ではさまれた範囲が、データの約68％の範囲を示している」っぽいのがわかりますね。

ハカセ。平均値とか標準偏差とか、ただの数字からどうしてこんなことがわかるの？　約68％とか、なんで中途半端な数字なの？

それは「正規分布」という分布に秘密があるんだ。そのあたりを次に説明しよう。

自然なばらつき

自然界のばらつきを表すのに便利な「正規分布」について見ていきましょう。

正規分布とは「左右対称の釣鐘や、ベルのような形をした分布」だよ。

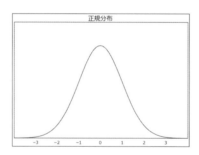

ほんとだ。ベルみたい。かわいい形なのに「正規分布」って、堅苦しい名前だね。

「正規分布」とは「正式に決まった分布」という堅苦しい意味ではなく、「自然界でごく普通の、よくある分布」という意味なんだよ。

こんな形が、よくあるの？　わたし見たことないよ。

ヒストグラムを使うと見えてくるんだ。やってみようか。

へえ、ちょっとおもしろそう。

正規分布はベルの形

自然界では、分布の多くが正規分布に近くなります。

例えば、木になったみかんの大きさにはばらつきがありますが、その分布は正規分布に近くなります。「みかんの重さのばらつき」をヒストグラムで見てみましょう。

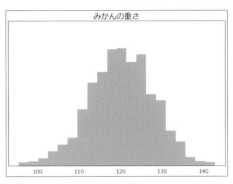

自然な形は、ベルの形に似ているね。

だいたい中央あたりに似たような重さがばらついていて、極端に小さかったり、極端に大きかったりするものは、めったにありません。ごく自然な感じですね。

また、私たち人間も自然界の一員です。だから、身長の分布なども正規分布に近くなるといわれています。総務省統計局のデータを使って、全国の15歳の身長の分布をヒストグラムで見てみましょう。

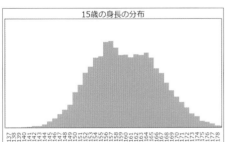

山の頂上がなんだか平たくなってるよ。

なんだか山の頂上がちょっと変な形をしていますね。実はこれは、男女のデータが混ざったままのデータを使ったからです。男女を抽出して、グラフを分けてみましょう。

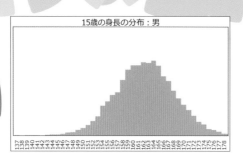

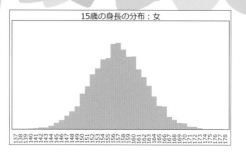

男女で分けると、それぞれ正規分布の形に近づいているのがわかりますね。

 ## なぜ正規分布は、自然界でごく普通の分布？

　なぜ、正規分布は「自然界でごく普通の分布」なのでしょうか？

　気を付けないといけないのは、「自然界のものは正規分布になると決まっているわけではない」ということです。ただ、自然現象や社会現象の多くの事例を見ると、正規分布に近いものがよくあり、関係あるように見えることが多いということです。「平均値付近のことはよく起こり、平均値から遠いとめったに起こらなくなる」ような分布です。感覚的にわかりやすい現象ですね。この現象のカーブを、ドイツの数学者のガウスさんが誤差の研究で見つけたので「ガウス分布」ともいいます。このカーブの形は、難しい計算が必要ですが、求めることができます。

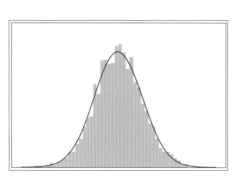

ガウスさんが
見つけたものだね。

　ここで、重要なポイントがあります。「自然界のものは正規分布になることが多い」ということと「そのカーブは計算で求めることができる」ということです。つまり「自然界で正規分布になっている現象は、計算で求めることができそうだ」ということです。「自然界のことを計算で説明できる」ということは、とても便利なことです。そのため、統計学の多くで正規分布が使われているのです。

ただし、このカーブの形は偶然似ているというだけではなく、ある考え方に基づいています。「自然界のばらつきとは、誤差の積み重ねでできているのではないか」という考え方です。難しい言葉で「中心極限定理」などといいます。みかんの重さや、人間の男女別の身長などは、たくさんの遺伝子の組み合わせや、いろいろな環境の影響によって変化します。それらの「たくさんの要因のゆれ」、つまり「たくさんの誤差」が積み重なった結果、重さや身長の違いが生まれているのではないかという考え方です。そして、そのような「誤差の積み重ね」は、数学的に左右にバランスの取れた、釣鐘やベルのような正規分布のカーブになることがわかったのです。

「誤差の積み重ね」は、なにも生き物だけに限りません。空から降ってくる雨粒のばらつきや、工場で作ったクッキーの重さのばらつきなど、いろいろな現象も正規分布に近づきます。

 # ゴルトンボードをシミュレート

その1つに「ゴルトンボード」というおもちゃがあります。ゴルトンボードとは「釘（クギ）を刺した盤」で、上から玉をたくさん落として、下に玉が積み上がっていくと、それが正規分布に近づいていくというものです。

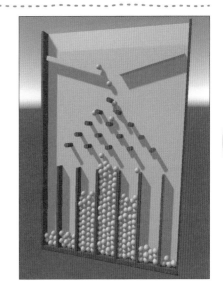

上から落とした玉は、クギに当たって左右に1/2の確率でランダムに分かれて落ちます。それが何段もくり返し行われながら落ちていきます。つまり、1/2のランダムが積み重なっていくので、正規分布に近づいていくのです。

この「ゴルトンボード」を、Pythonでシミュレートしてみたいと思います（Pythonのプログラム部分はくわしく説明しませんが、コメントで説明を書いています。『Python1年生』を卒業された方なら、考えればきっとわかるはずです）。実行してみましょう。まずは、1段のクギ（1本のクギ）に、玉を1万個落としてみます（リスト5.9）。

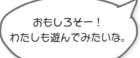

おもしろそー！
わたしも遊んでみたいな。

【入力プログラム】リスト5.9

```python
import random
import pandas as pd
import matplotlib.pyplot as plt
import seaborn as sns
#sns.set(font=["Meiryo"]) # Windows
#sns.set(font=["Hiragino Maru Gothic Pro"]) # macOS
#sns.set(font=["IPAexGothic"]) # Colab Notebook


# ゴルトンボード表示関数：段数、玉数を指定する
def galton(steps, count) :
    # 玉が落ちた位置を入れる空のリストを用意する
    ans = []
    # 指定された玉数だけくり返す
    for i in range(count):
        # 玉を落とす最初の位置を50にする
        val = 50
        # 指定された段数だけくり返す
        for j in range(steps):
            # 0か1のランダムで、0なら-1、1なら+1
            if random.randint(0, 1) == 0:
                val = val - 1
            else :
                val = val + 1
        # 最終的に玉が落ちた位置をリストに追加する
        ans.append(val)


    # 落下した結果のリストをデータフレームにして
    df = pd.DataFrame(ans)
    # 0列目（落とした結果の列）をヒストグラムで表示
    df[0].plot.hist()
    plt.title(str(steps)+"段："+str(count)+"個")
    plt.ylabel("")
    plt.show()


galton(1, 10000)
```

※先頭が # のコメント行は説明なので、入力しなくてもかまいません。

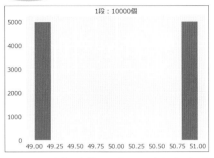

きれいに右と左に
分かれたね

※ random を使った結果ですので、実行するたびに結果は少し変わります。

　「50」から1段のクギ（1本のクギ）に落とした玉は、左右に分かれるしかないので、「49」と「51」に約5000個ずつ入ります。次は、2段のクギ（3本のクギ）に、玉を1万個落としてみましょう。ゴルトンボードの関数は作ってあるので、値を変えて1行命令するだけで実行できます（リスト5.10）。

【入力プログラム】リスト5.10

```
galton(2, 10000)
```

出力結果

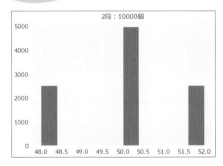

真ん中が高いのは、
右と左から集まったからね

※ random を使った結果ですので、実行するたびに結果は少し変わります。

　2段のクギ（3本のクギ）では、「48」「50」「52」の3種類の結果が出ました。「48」と「52」に約2500個、真ん中の「50」には約5000個入ります。

　次は、6段のクギ、10段のクギと、段を増やしてみましょう（リスト5.11）。

```
galton(6, 10000)
galton(10, 10000)
```

正規分布に近い形になってきたね

出力結果

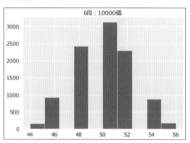

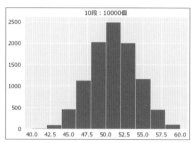

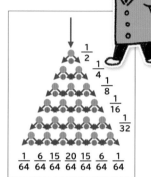

※ randomを使った結果ですので、実行するたびに結果は少し変わります。

　10段ぐらいになってくると、かなり正規分布になってきましたね。このように、段数を増やして、「誤差を積み重ねていく」と正規分布になっていきます。

　ところで、玉を1万個落としていたのを、10個に減らして試してみましょう（リスト5.12）。

【入力プログラム】リスト5.12

```
galton(10, 10)
```

出力結果

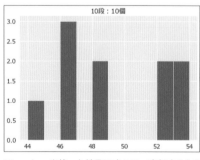

あらら、形が崩れちゃうね

※ randomを使った結果ですので、実行するたびに結果は少し変わります。

　クギが10段あっても、データが10個しかなければ、正規分布にはならないですね。「データ数が多いこと」も重要な要素だとわかります。

正規分布は計算で求めることができる

次は、この正規分布の「計算で形を求めることができる」という側面を見てみましょう。

「平均値」がわかれば、「正規分布の左右の位置」がわかります。例えば、平均値が-2、0、2のとき、このように左右に移動します。

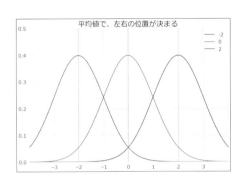

きれいに移動しているね

「標準偏差」がわかれば、「正規分布のカーブのとがり具合」がわかります。標準偏差が小さければ急なカーブに、大きければゆるやかなカーブになります。例えば、標準偏差が0.5、1、2のとき、このように変化します。

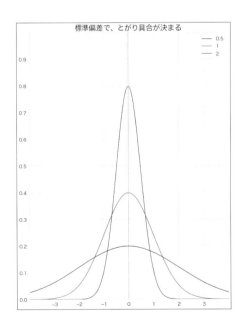

平均値、標準偏差で
正規分布の形が見え
てくるんだ

LESSON
16

つまり、「平均値と標準偏差がわかれば、正規分布の形がわかる」ということです。例えば、あるクラスの身長の「平均値が166.8cm、標準偏差が5.8cm」だとわかれば、「どのよ

うな正規分布になるのか」がわかります。

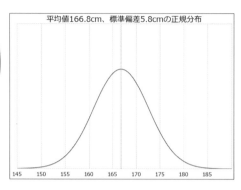

平均値166.8cm、標準偏差5.8cmの正規分布

　計算でカーブの形がわかるということは、そのカーブで囲まれた「ある範囲の面積」を計算で求めることもできます。例えば、「真ん中（平均値）から、前後に標準偏差までの範囲」の面積もわかります。全体の約68％です。ヒストグラムは、面積がデータ量を表していますから、この「面積の割合」はつまり「データの割合」です。「真ん中（平均値）から、前後に標準偏差までの範囲に、全体の約68％のデータがある」といっていたのはこれだったのです。

平均値±標準偏差の中に、全体の約68％

平均値±標準偏差の面積が約68％なんだね

　さらに標準偏差の2倍、3倍などの範囲の面積もわかっています。

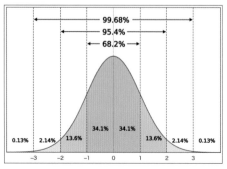

標準偏差の2倍、3倍などの面積もわかっているよ

　いろいろな範囲の％がわかっているので、組み合わせればいろいろな％がわかります。「平均値 ± 標準偏差の範囲」に68.2％、「平均値 ± 標準偏差×2の範囲」に95.4％、「平均値 ± 標準偏差×3の範囲」に99.68％、のデータがあるとわかります。

　さらに、「ある値から左側の％」や「ある値から右側の％」もわかります。例えば、「平均値＋標準偏差×2から左側」は、50％＋34.1％＋13.6％で、97.7％です。

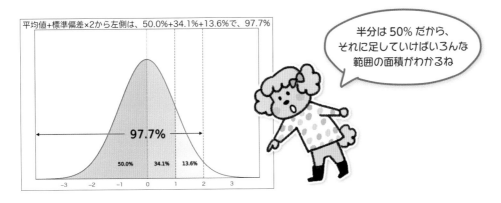

半分は50％だから、それに足していけばいろんな範囲の面積がわかるね

　逆に「平均値＋標準偏差×2から右側」は、100％ - 97.7％で、2.3％です（100％から引いて求めたのは、標準偏差×3の先にも、標準偏差×4、×5などデータは少しはあると考えられるからです）。

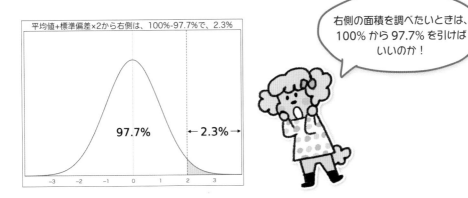

右側の面積を調べたいときは、100％から97.7％を引けばいいのか！

　「ある値から左側や右側の％」がわかるということは、下から何％、上から何％の値なのかがわかるということです。例えば「全国の身長の平均値＋標準偏差×2」の身長だとわかれば、上から2.3％の「わりと珍しいこと」だとわかります。

　「正規分布のどこにある値か」によって「普通のことなのか、珍しいことなのか」がわかるのです。

LESSON

17

この値は普通なこと？
珍しいこと？

「累積分布関数」を使うと、ある値が珍しいことなのかを調べることができるので、試してみましょう。

便利そうなのはわかったけど、「標準偏差」とか「標準偏差の2倍」とかじゃなく、もっとわかりやすい値を調べたいときはどうするの？

難しい計算をすればできるよ。でも、そういうときこそライブラリを使おう。統計ライブラリのscipy.statsの正規分布に関するnormを使えば、すぐ値を求めることができるんだ。

やった～！　ライブラリはありがたいね。

　scipy.statsライブラリに入っている正規分布用の関数を使うと、難しい計算が必要な数値も、簡単に求めることができます。

　例えば、「norm.cdf（正規分布の累積分布関数)」を使うと、「ある値が、全体の下から何％のことなのか」を求めることができます。用意するのは「調べたい値」「平均値」「標準偏差」の3つだけです。

　「norm.cdf(x=調べたい値, loc=平均値, scale=標準偏差)」と命令すると、ある値が全体の下から何％のことなのかを0～1の実数値で返してくれます。

データ分析の命令：ある値は、下からの何％に該当するか？

- 必要なライブラリ：**scipy.stats**
- 命令

```
cdf = norm.cdf(x=調べたい値, loc=平均値, scale=標準偏差)
```

- 出力：ある値は、下からの何％に該当するか？

　例えば、身長で「平均値が166.8cm、標準偏差が5.8cm」の正規分布のデータで「160.0cmは下から何％の位置にあるか」を調べてみます（リスト5.13）。

【入力プログラム】リスト5.13

```python
from scipy.stats import norm

mean = 166.8
std = 5.8
value = 160.0

cdf = norm.cdf(x=value, loc=mean, scale=std)
print(value,"は、下から", cdf*100,"%")
```

出力結果

```
160.0 は、下から 12.051548220947089 %
```

160.0cmは、下から12.05％だとわかります。

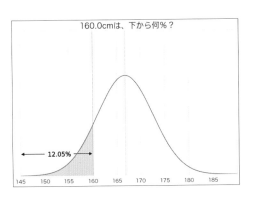

このクラスで160cmは、下から12.05%なのね

　逆に、「ある値は、上から何％なのか」を調べるには、norm.cdfの値を1（100％）から引けばわかります。
　例えば、「平均値が166.8cm、標準偏差が5.8cm」の正規分布のデータで「178.0cmは上から何％なのか」を「1-cdf」で求めてみます（リスト5.14）。

【入力プログラム】リスト5.14

```
mean = 166.8
std = 5.8
value = 178.0

cdf = norm.cdf(x=value, loc=mean, scale=std)
print(value,"は、上から", (1-cdf)*100,"%")
```

出力結果

```
178.0 は、上から 2.6739394108996173 %
```

178.0cmは、上から2.67％だとわかります。

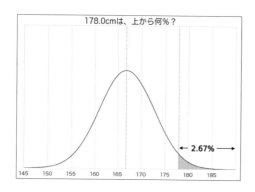

178.0cmは、上から何％？

2.67%

このクラスで178cmだと、
上から2.67%なのね。
高〜い

　「norm.ppf（正規分布のパーセント点関数）」を使うと、「全体の下から○○％にあたる値は何か？」を求めることができます。これも用意するのは「調べたいのは下から何％の値か？（0〜1）」「平均値」「標準偏差」の3つだけです。

　「norm.ppf(q=パーセント値, loc=平均値, scale=標準偏差)」と命令すると、全体の下から○○％にあたる値は何かを返してくれます。

データ分析の命令：下から○○％に該当する値は何か？

- 必要なライブラリ：**scipy.stats**
- 命令

```
ppf = norm.ppf(q=パーセント値, loc=平均値, scale=標準偏差)
```

- 出力：下から○○％に該当する値は何か？

　例えば、先ほどと同じ身長で「平均値が166.8cm、標準偏差が5.8cm」の正規分布のデータで「下から20%は、何cmなのか」を調べてみます（リスト5.15）。

【入力プログラム】リスト 5.15

```
mean = 166.8
std = 5.8
per = 0.20

ppf = norm.ppf(q=per, loc=mean, scale=std)
print("下から", per * 100, "%の値は、", ppf, "です。")
```

出力結果

> 下から 20.0 %の値は、161.9185968452771 です。

下から20%は、161.9cmだとわかります。

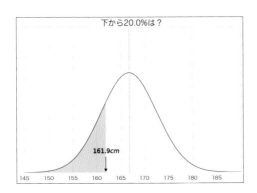

このクラスで下から20% の身長は、161.9cm なのね

LESSON
17

　逆に、「上から○○％に該当する値は何か」を調べるには、norm.ppfに渡す確率を1（100%）から引けばわかります。

　例えば、「平均値が166.8cm、標準偏差が5.8cm」の正規分布のデータで「上から1%は、何cmなのか」を「1-per」を渡して調べてみます（リスト5.16）。

【入力プログラム】リスト5.16

```
mean = 166.8
std = 5.8
per = 0.01

ppf = norm.ppf(q=(1-per), loc=mean, scale=std)
print("上から", per * 100, "%の値は、", ppf, "です。")
```

出力結果

> 上から 1.0 %の値は、 180.2928176694369 です。

上から1%は、約180.3cmだとわかります。

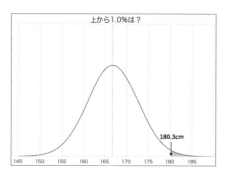

上から1.0%は？

180.3cm

> このクラスで上から1%の
> 身長は？　ジャーン、
> 約180.3cm でした！

 ## 違うばらつきのデータでの比較

この「norm.cdf」を使うと、「違うばらつきのデータ」でどちらがより珍しいかを調べることができます。

例えば、あるテストで数学は60点、英語は80点を取ったとします。どちらががんばったでしょうか？　ただし、平均点は数学が50点、英語は70点で、標準偏差は、数学が5点、英語が8点でした。

	数学	英語
点数	60	80
平均値	50	70
標準偏差	5	8

> とうとうテストに
> お話がうつっちゃったな。

パッと見ると、がんばったのは80点の英語のように思えますが、平均点や標準偏差が違います。このようなとき、「2つの点が上から何％の珍しいことか」を比べることで、どちらがよりがんばったのかを調べることができそうです（リスト5.17）。

【入力プログラム】リスト5.17

```python
from scipy.stats import norm

scoreM = 60
meanM = 50
stdM = 5

scoreE = 80
meanE = 70
stdE = 8

cdf = norm.cdf(x=scoreM, loc=meanM, scale=stdM)
print("数学の", scoreM, "点は、上から", (1-cdf)*100, "%")

cdf = norm.cdf(x=scoreE, loc=meanE, scale=stdE)
print("英語の", scoreE, "点は、上から", (1-cdf)*100, "%")
```

出力結果

```
数学の 60 点は、上から 2.275013194817921 %
英語の 80 点は、上から 10.564977366685536 %
```

LESSON
17

　この結果を見ると、英語は80点ですが上から10.6％でした。数学は60点ですが上から2.3％なので、より珍しい点だったとわかります。これは数学の方ががんばったと考えられそうですね。ちなみに、正規分布で表示してみるとよりわかりやすくなります。

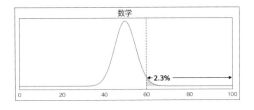

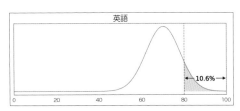

　このように、「違うばらつきのデータで、どちらが珍しいのか」を比較することができるのです。

LESSON
18

このデータは
自然なばらつき？

データを正規分布と比べて、自然なばらつきかを確認してみましょう。

いや～、標準偏差は、便利便利！　もう、何でもこいだね。

 ただし、これを使うには「前提」がある。それは「データが正規分布になっている」ということだ。

あ、そっか。形が違ってたら、使えないもんね。

 入手したデータが「正規分布じゃない現象」かもしれないし、「データ数が少なくて正規分布にならない」かもしれない。

じゃあ、どうすればいいの。

 方法はいろいろあるけど、まずはグラフを使って確認してみよう。

　　matplotlibの「データフレーム.plot.hist(bins=bins)」命令を使うと、ヒストグラムを表示できましたが、seabornの「sns.histplot（データフレーム, kde=True）」命令を使うと、カーネル密度推定（データがどのように分布しているかを直感的に表現した曲線）を描けます。この後者のグラフに「もしこのデータが正規分布だったとしたら、どんな曲線になるだろう」という曲線を重ね合わせて表示させれば、データがどれだけ正規分布に近いかを調べることができます。

データ分析の命令：列データのヒストグラムを表示する（カーネル密度推定付き）

- 必要なライブラリ：**pandas**、**matplotlib**、**seaborn**
- 命令

```
sns.histplot(df["列名"], kde=True, color="色", ↵
alpha=透明度, stat="density")
plt.show()
```

- 出力：カーネル密度推定付きのヒストグラム

　例を使って、考えてみましょう。ここでは、NumPyライブラリを使ってデータを自動生成してみます。「random.randint(最小値, 最大値, 個数)」命令を使うと、「最小値から最大値までのかたよりのない、ばらけたランダムな値」を作ることができます。「random.normal(平均値, 標準偏差, 個数)」命令を使うと、「中央が一番多い、正規分布になるようなランダムな値」を作ることができます。このデータをヒストグラム（カーネル密度推定付き）で表示させて、さらにその上に「このデータにフィットする正規分布の曲線」を重ねて表示させてみましょう。それが以下のプログラムで、disp_histnormという作った関数を用意して表示させています。わかりやすいように推定される正規分布の線は赤にします（リスト5.18）。

【入力プログラム】リスト 5.18

```
import pandas as pd
import matplotlib.pyplot as plt
import seaborn as sns
import numpy as np
from scipy.stats import norm
#sns.set(font=["Meiryo"]) # Windows
#sns.set(font=["Hiragino Maru Gothic Pro"]) # macOS
#sns.set(font=["IPAexGothic"]) # Colab Notebook

def disp_histnorm(df, msg):
    sns.histplot(df, kde=True, color="blue", alpha=0.2, ↵
stat="density")
    mu, std = norm.fit(df)
    xmin, xmax = plt.xlim()
    x = np.linspace(xmin, xmax, 100)
```

LESSON
18

```
    p = norm.pdf(x, mu, std)
    plt.plot(x, p, linewidth=2, color="red")
    plt.title(msg)
    plt.show()


df = pd.DataFrame({
    "A" : np.random.randint(0, 100, 15),
    "B" : np.random.normal(50, 10, 15)
})
disp_histnorm(df["A"], "かたよりのないランダムな値")
disp_histnorm(df["B"], "正規分布になるようなランダムな値")
```

「もしこのデータが
正規分布だとしたら
どのような曲線になるか」
が赤い線だよ。

出力結果

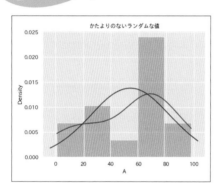
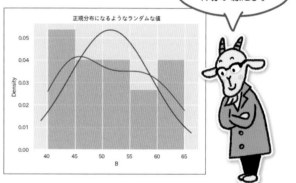
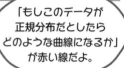

なんだかよくわからないですね。15個ぐらいではデータが少なすぎたようなので、次は1500個で試してみましょう（リスト5.19）。

【入力プログラム】リスト5.19

```
df = pd.DataFrame({
    "A" : np.random.randint(0, 100, 1500),
    "B" : np.random.normal(50, 10, 1500)
})
disp_histnorm(df["A"], "かたよりのないランダムな値")
disp_histnorm(df["B"], "正規分布になるようなランダムな値")
```

出力結果

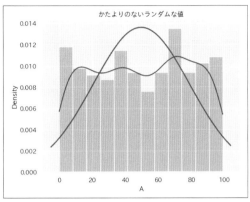

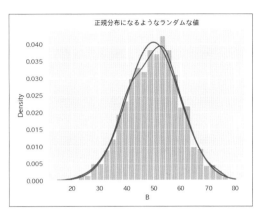

※ random を使った結果ですので、実行するたびに結果は少し変わります。

　このぐらい数が多くなると、形がはっきり見えてきました。Aは正規分布とかなり違いますね。逆にBは、かなり正規分布に近くなりました。ただ正規分布は、あくまで「理想的な形」なので、現実のデータではズレがあることを忘れないようにしましょう。

CAUTION　FutureWarningと表示されたら？

Jupyter Notebook で、sns.jointplot や sns.pairplot を実行したとき、以下のような「将来的な警告」が出た場合は、動作は正しく実行されています。

```
FutureWarning: use_inf_as_na option is deprecated
and will be removed in a future version.
```

これは「今は動いていますが、将来的に問題になるかもしれない警告」です。さらにこの警告は、Jupyter Notebook 内の seaborn ライブラリの内部に対して出ていて、プログラム自体には問題がありません（同じプログラムが Colab Notebook では問題なく動いています）。Jupyter Notebook でも将来的に seaborn がアップデートされて解消されるのではないかと思っています（2024 年 4 月現在）。

LESSON
18

LESSON 19

違うばらつきのデータでの比較ができる

「偏差値」や「IQ」も正規分布を利用しています。どういうことなのか見てみましょう。

LESSON 17で説明した「norm.cdf」を使えば「違うばらつきのデータ」でもどちらがよりよい成績かわかるって調べたけど、もっと普通な方法があるよ。

どんな方法？

偏差値だ。

え？　それどういうこと？

さっきは「違う形の正規分布」だったから、比べるときそれぞれで計算したけど、そもそも「同じ形の正規分布」にそろえてしまえば、すぐ比べられるでしょう。

そうだねえ。

偏差値は、データを「平均値は50、標準偏差は10」にそろえることで、同じ形の正規分布にそろえる方法なんだ。

そっか。同じ形なら、そのまま比較できるってわけか。

偏差値：真ん中は50

Pythonのライブラリを使えば「ある値が、全体の上から何％なのか」は求めることができましたが、一般的には大変な計算になります。

そこで、あらかじめ「平均値は50、標準偏差は10」とそろえることで、比較しやすくする方法が考えられました。それが「偏差値」です。「平均値が50、標準偏差が10」という正規分布をあらかじめ対応表などで用意しておけば誰でも使うことができます。自分の偏差値を「（自分の得点－平均点）÷標準偏差×10＋50」と計算して対応表と見比べるだけで、「自分の点数だと、上から何％なのか」が、だいたいわかるというわけです。

ですが、Pythonのライブラリがあれば、偏差値や対応表がなくても「norm.cdf」を使って調べることができます。なぜなら、偏差値は「平均値50、標準偏差10」の正規分布だからです。

例えば、偏差値60、70、80が上から何％になるのかを調べてみましょう（リスト5.20）。

【入力プログラム】リスト 5.20

```python
from scipy.stats import norm

scorelist = [60, 70, 80]
for score in scorelist:
    cdf = norm.cdf(x=score, loc=50, scale=10)
    print("偏差値",score, "は、上から", (1-cdf) * 100, "%")
```

出力結果

```
偏差値 60 は、上から 15.865525393145708 %
偏差値 70 は、上から 2.275013194817921 %
偏差値 80 は、上から 0.13498980316301035 %
```

逆に、上から何％に入るのに必要な偏差値は、「norm.ppf」で調べることができます。

上から、15.86％、2.275％、0.134％に入るのに必要な偏差値を調べてみましょう（リスト5.21）。

LESSON
19

【入力プログラム】リスト 5.21

```
perlist = [0.1586, 0.02275, 0.00134]
for per in perlist:
    ppf = norm.ppf(q=(1-per), loc=50, scale=10)
    print("上から", per * 100, "%以上に入るには、偏差値",ppf,"以上が必要")
```

出力結果

上から 15.86 %以上に入るには、偏差値 60.002283757327085 以上が必要

上から 2.275 %以上に入るには、偏差値 70.00002443899604 以上が必要

上から 0.134 %以上に入るには、偏差値 80.02240904267309 以上が必要

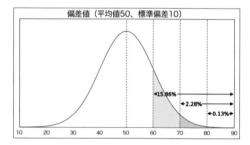

 # IQ：真ん中は100

　偏差値と似たものに「IQ（知能指数）」があります。実はこれも、あらかじめ「平均値は100、標準偏差は15（または24）」とそろえておくことで、比較できるようにしたものです。自分のIQを見れば「自分が全体のどれくらいの位置なのか」がすぐわかります。

　IQも「norm.cdf」を使って調べることができます。IQ（15）は「平均値100、標準偏差15」の正規分布として調べればいいのです。

　例えば、IQ 110、130、148が上から何%になるのかを調べてみましょう（リスト5.22）。

【入力プログラム】リスト 5.22

```python
from scipy.stats import norm

std = 15
IQlist = [110, 130, 148]
for IQ in IQlist:
    cdf = norm.cdf(IQ, loc=100, scale=std)
    print("IQ", IQ, "は、上から", (1-cdf) * 100, "%")
```

出力結果

```
IQ 110 は、上から 25.24925375469229 %

IQ 130 は、上から 2.275013194817921 %

IQ 148 は、上から 0.06871379379158604 %
```

クイズが解ける人の
IQ ってこんな感じ
かな～

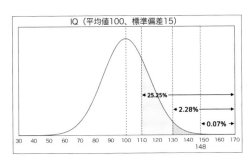

しかし、IQには標準偏差15のものと24のものがあり、上位何%なのかが違ってきます。
IQ 110、130、148を、今度は標準偏差24で調べてみましょう（リスト5.23）。

【入力プログラム】リスト 5.23

```python
std = 24
IQlist = [110, 130, 148]
for IQ in IQlist:
    cdf = norm.cdf(IQ, loc=100, scale=std)
    print("IQ", IQ, "は、上から", (1-cdf) * 100, "%")
```

LESSON
19

出力結果

IQ 110 は、上から 33.84611195106897 %

IQ 130 は、上から 10.564977366685536 %

IQ 148 は、上から 2.275013194817921 %

IQ148 といっても、
標準偏差が15か24かで、
上位何%なのかが大きく
変わってくるんだね

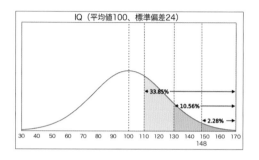

IQ（平均値100、標準偏差24）

33.85%

10.56%

2.28%

　標準偏差が違うと「珍しさ」がずいぶん違うことがわかります。同じ「IQ 148」でも、標準偏差24だと上から2.28%なのですごいなあ、という感じですが、標準偏差15だと上から0.07%なので、むちゃくちゃすごいなあ、と違いが出てきます。

第6章
関係から予測しよう：
回帰分析

ハカセ！
ちょっと見て！

なんだい！

気温が高いときにほしがには重い星粒を、
低いときに軽い星粒を出すようなの。

気温

重い星粒

軽い星粒

ほう！
それはおもしろい。

でしょ？
でも全部のデータを見てみないと
はっきりしたことはわからないわ。

うん。
そうだね。

わたし、
気温と粒の大きさの
関係があるのか
調べてみたいな。

お！いいとこに目をつけたね。
その関係性から予測ができるんだ。
それを回帰分析っていうんだ。

ほう！ほう！

そ、それじゃ見ていこう！

なぜ、また
名探偵風
に？？

なぞは、
きっと
とける！！

この章でやること

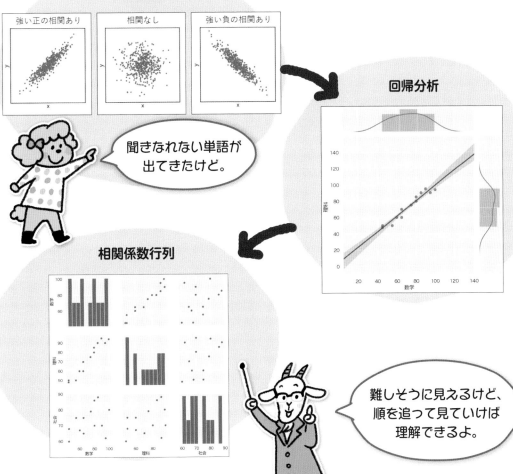

相関係数

強い正の相関あり | 相関なし | 強い負の相関あり

回帰分析

相関係数行列

聞きなれない単語が
出てきたけど。

難しそうに見えるけど、
順を追って見ていけば
理解できるよ。

LESSON
20

2種類のデータの
関係性の強さ：相関係数

ここでは2つのデータから見えてくる関係性について見ていきましょう。

これまでは、データを「1つの代表値」にまとめたり、「ばらつき方」に注目してきたけど、今度は「2つのデータの関係性」を調べてみよう。

関係性？

ある値が大きくなったとき、別の値も同じように大きくなったら、関係がありそうって考えられるよね。

ふむふむ。

その関係性がとても強いってわかれば……

わかれば？

1つ目のデータがある値になったら、2つ目のデータでどんな値になるかを予測できる。つまり、関係性から「予測」ができるんだ。

へぇぇ。関係性からそんなことがわかるんだ〜。

 散布図

これまでは、データの集まりを、1つの代表値にまとめたり、ばらつき方に注目してき

ました。それぞれのデータを「切り離して、比較」することで調べましたが、今度は「つながり（関係性）があるか」について見ていきましょう。

　2種類のデータの関係性を見るには「散布図」を使います。横軸と縦軸に関係性を見たいデータを割り当てることで「この2種類のデータに、どのくらい関係性があるか」を見ることができるのです。

　例を使って、考えてみましょう。ここに、「数学と理科と社会」の成績データがあったとします。「数学と理科」は関係がありそうに思えますが、「数学と社会」は関係があるのかどうかわかりません。このようなデータです（リスト6.1）。

【入力プログラム】リスト6.1

```python
import pandas as pd
import matplotlib.pyplot as plt
import seaborn as sns
#sns.set(font=["Meiryo"]) # Windows
#sns.set(font=["Hiragino Maru Gothic Pro"]) # macOS
#sns.set(font=["IPAexGothic"]) # Colab Notebook

data = {
    "数学" : [100, 85, 90, 95, 80, 80, 75, 65, 65, 60, 55, 45,↵
45],
    "理科" : [94, 90, 95, 90, 85, 80, 75, 70, 60, 60, 50, 50, 48],
    "社会" : [80, 88, 70, 62, 86, 70, 79, 65, 75, 67, 75, 68, 60]
}
df = pd.DataFrame(data)
df.head()
```

出力結果

	数学	理科	社会
0	100	94	80
1	85	90	88
2	90	95	70
3	95	90	62
4	80	85	86

関係性かぁ

LESSON
20

173

このデータを、散布図で表示するには、「データフレーム.plot.scatter(x="横軸の列名 ", y="縦軸の列名 ", color="色")」と命令します。「数学と理科」「数学と社会」の、2つの散布図を表示してみましょう（リスト6.2）。

Colab Notebookでは、日本語フォントを使うために、そのページの最初のほうで1回以下のように命令しておきましょう。

【入力プログラム】Colab Notebook 用

```
!pip install japanize-matplotlib
import japanize_matplotlib
```

【入力プログラム】リスト6.2

```
df.plot.scatter(x="数学", y="理科", color="b")
plt.title("数学と理科の関係性")
plt.show()

df.plot.scatter(x="数学", y="社会", color="b")
plt.title("数学と社会の関係性")
plt.show()
```

> ばらつきを
> 見てみよう！

出力結果

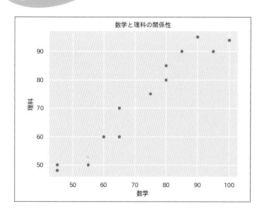

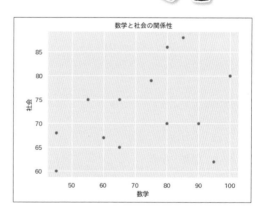

この結果を見ると、数学と理科は「数学の点が高いほど、理科の点も高くなっている」ので関係性がありそうです。 一方、数学と社会は「数学の点が高いほど、社会の点が高くなっているとはいえない」ようなので、関係性はあまりなさそうに見えます。

このように散布図は、「点のまとまり具合」を見ることで「関係性の強さ」がわかりま

す。「点がまとまって並んでいれば関係性が強い」とわかりますし、「点がばらばらで、まとまりがなければ関係性がない」とわかります。このとき「傾き方」にも意味があります。「右肩上がり」の傾きは、「ある値が大きくなると、別の値も同じように大きくなる」ことを表していて「正の相関」といいます。「右肩下がり」の傾きは、「ある値が大きくなると、別の値は逆に小さくなる」ことを表していて「負の相関」といいます。散布図を見ることで「関係性が強いか、弱いか」「正の相関か、負の相関か」がわかります。

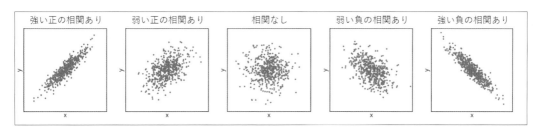

相関係数

この「関係性の強さと傾き」を「1つの数値」で表したものがあります。それが「相関係数」です。

相関係数は、「-1 〜 +1」で表されます。+1に近ければ「強い正の相関」があり、-1に近ければ「強い負の相関」があり、0に近ければ「相関がない」ことを表します。

相関係数	相関の強さ	散布図
0.7〜1.0	強い正の相関あり	
0.4〜0.7	正の相関あり	
0.2〜0.4	弱い正の相関あり	
-0.2〜0.2	相関なし	
-0.4〜-0.2	弱い負の相関あり	
-0.7〜-0.4	負の相関あり	
-1.0〜-0.7	強い負の相関あり	

関係性が強ければ
1や-1に近くなり、
関係性が弱ければ
0に近くなるよ。

LESSON
20

相関係数は「df.corr()["横の列名"]["縦の列名"]」で求めることができます。

データ分析の命令：列データの相関係数を求める

- 必要なライブラリ：**pandas**
- 命令

```
df.corr()["横の列名"]["縦の列名"]
```

- 出力：列データの相関係数

MEMO　相関係数の強さ

相関係数が0.8や0.9ぐらいもあるような現象は、実は相関係数で調べなくてもすでに関係が強いとわかっていることがほとんどです。相関係数は「人間が気づかないことを発見するための道具」というよりは、「何となくわかっていることを、客観的なデータにして調べるための道具」として多く使われます。

「数学と理科」「数学と社会」の、2つの「相関係数」を表示してみましょう（リスト6.3）。

【入力プログラム】リスト6.3

```
print("数学と理科 =", df.corr()["数学"]["理科"])
print("数学と社会 =", df.corr()["数学"]["社会"])
```

出力結果

```
数学と理科 = 0.9688434503857298

数学と社会 = 0.39425173157746296
```

これを見ると、「数学と理科には強い相関があり、数学と社会には相関はあまりなさそうだ」とわかります。

「df.corr()」は、列名を指定しなければ、列の組み合わせを総当たりで調べて並べてくれます。相関係数の行列なので、「相関行列」といいます（リスト6.4）。

データ分析の命令：相関行列を求める

- 必要なライブラリ：**pandas**
- 命令

```
df.corr()
```

- 出力：データの相関行列

【入力プログラム】リスト6.4

```
print(df.corr())
```

出力結果

	数学	理科	社会
数学	1.000000	0.968843	0.394252
理科	0.968843	1.000000	0.413466
社会	0.394252	0.413466	1.000000

すべての教科の組み合わせで「相関行列」が表示されました。斜め部分の「数学と数学」「理科と理科」「社会と社会」は、同じデータ同士で調べたものなので、相関係数は1.0になります。

LESSON
20

数学が得意だと理科も
得意って、なんだか
わかる気がする。

LESSON 21

散布図の上に 線を引いて予測

散布図の上に「回帰直線」を引いて、予測をしてみましょう。

相関が強いと、だんだん線に近づいていくね。

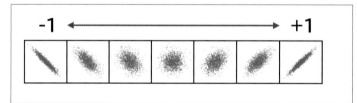

-1 ←──────→ +1

線ということは、そこに法則性が見えているということだ。これを使えば予測ができるよ。

予測？

「横軸のある値のとき、縦軸はどんな値になるか」を線を使って予測できるということだ。

なるほど。

でも、実際のデータにはばらつきがあるので、きっちりした線になることは少ない。そこで、思い切って「誤差が一番少なくなるような線」を引いて予測に使おうと考えられた。それが「回帰直線」だ。この線もライブラリを使えばすぐ引けるよ。

またもや！　ライブラリはありがたいね。

　データにはばらつきがありますが、誤差が最小になるように線を引くことができれば、「横軸のある値（説明変数）のとき、縦軸はどんな値（目的変数）になるか」を予測できます。これを「回帰直線」といいます。

　散布図の上に回帰直線を引くには、seabornの「sns.regplot()」という命令が使えます。

データ分析の命令：散布図 ＋ 回帰直線を表示する

- 必要なライブラリ：**pandas、matplotlib、seaborn**
- 命令

```
sns.regplot(data=df, x="横列", y="縦列",line_kws={"color":"↵
色"})
plt.show()
```

- 出力：散布図の上に回帰直線

LESSON
21

　「数学と理科」「数学と社会」の、2つの散布図の上に回帰直線を表示してみましょう（リスト6.5）。

179

【入力プログラム】リスト 6.5

```python
sns.regplot(data=df, x="数学", y="理科", line_kws={"color":"red"})
plt.show()

sns.regplot(data=df, x="数学", y="社会", line_kws={"color":"red"})
plt.show()
```

出力結果

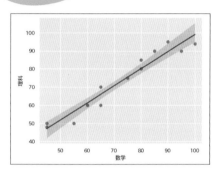
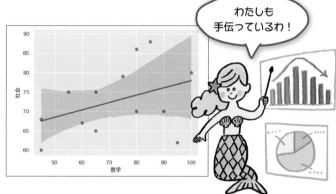

わたしも
手伝っているわ！

　相関が強ければはっきりした線が引けますが、相関が弱ければはっきりした線は引けません。薄い赤い範囲がそれを表していて、「95％の確率でこの範囲に入るだろう」という範囲です。これを「信頼区間」といいます。「数学と理科」は相関が強かったので、はっきりした線が引けてこの範囲は狭いですが、「数学と社会」は相関が弱かったので、はっきりとした線が引けなくてこの範囲は広くなっています。はっきりしない感じがわかりますね。

　seabornには、散布図＋回帰直線に、さらにヒストグラムを一緒に表示させる命令もあります。それが「sns.jointplot()」です。

データ分析の命令：ヒストグラム付き散布図 ＋ 回帰直線を表示する

- 必要なライブラリ：**pandas、matplotlib、seaborn**
- 命令

```python
sns.jointplot(data=df, x="横の列名", y="縦の列名", kind="reg", ⏎
line_kws={"color":"色"})
plt.show()
```

- 出力：ヒストグラム付き散布図＋回帰直線

「数学と理科」「数学と社会」の、2つを表示してみましょう（リスト6.6）。

【入力プログラム】リスト 6.6

```
sns.jointplot(data=df, x="数学", y="理科", kind="reg",↵
line_kws={"color":"red"})
plt.show()

sns.jointplot(data=df, x="数学", y="社会", kind="reg",↵
line_kws={"color":"red"})
plt.show()
```

出力結果

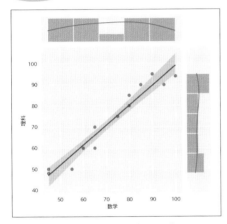
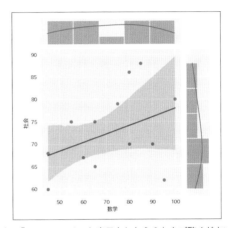

※ FutureWarningという警告が出た場合は、163ページの「FutureWarningと表示されたら？」をご覧ください。

LESSON
21

181

LESSON 22
総当たりで表示させる散布図

「ヒートマップ」と「散布図行列」について見てみましょう。

さっきの例では、数学・理科・社会の3つだったけど、数がもっと増えてくると大変になってくるね。

組み合わせが増えるから大変だ。でもそういうときも、便利な機能がライブラリにはあるよ。「相関行列を色の熱さで表現する機能」や「散布図を総当たりで表示させる機能」だ。

どこまであるんだ。ライブラリ！

相関行列を色の熱さで表現する：ヒートマップ

相関係数のすべての組み合わせを調べるとき、「相関行列」で表示させると一度に見えるので便利です（リスト6.7）。

【入力プログラム】リスト 6.7

```
print(df.corr())
```

出力結果

	数学	理科	社会
数学	1.000000	0.968843	0.394252
理科	0.968843	1.000000	0.413466
社会	0.394252	0.413466	1.000000

　一度に見えるので便利なのですが、それでも数字がたくさんあるとパッと見ただけではわかりません。そこで、それぞれの値に色を付けてわかりやすくする方法があります。それが「ヒートマップ」です。「大きい値を熱そうな色」「小さい値を冷たそうな色」で表示させることで「熱そうな色ほど大きい値」と感覚的に見ることができます。seabornの「sns.heatmap()」という命令で表示できます。

データ分析の命令：相関行列を色分けして表示する

- 必要なライブラリ：**pandas、matplotlib、seaborn**
- 命令

```
sns.heatmap(df.corr())
plt.show()
```

- 出力：ヒートマップ

　ヒートマップで表示してみましょう。相関係数の数値も一緒に表示させたいので「annot=True」と指定し、最大値を1、最小値を-1、中央の相関なしを0にして、色分けしたいので「vmax=1, vmin=-1, center=0」と指定します（リスト6.8）。

LESSON

22

【入力プログラム】リスト6.8

```
sns.heatmap(df.corr(), annot=True, vmax=1, vmin=-1, center=0)
plt.show()
```

出力結果

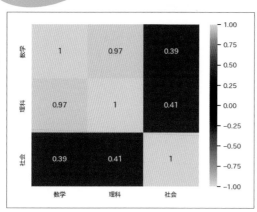

※Jupyter Notebookでは、マップ内にうまく数値を表示できない場合があります。

　斜め部分は1なので一番明るい色になっていますが、その次に明るいのは「数学と理科」で、相関が強いことがわかります。「数学と社会」「理科と社会」は暗く、相関が弱いと感覚的にわかります。

総当たりで表示させる散布図：散布図行列

　「相関行列」は、「相関係数のすべての組み合わせを行列で表示させたもの」でしたが、「散布図のすべての組み合わせを行列で表示させるもの」もあります。それが「散布図行列」です。seabornの「sns.pairplot(data=df)」という命令を使います。

データ分析の命令：散布図のすべての組み合わせを行列で表示する

- 必要なライブラリ：**pandas、matplotlib、seaborn**
- 命令

```
sns.pairplot(data=df)
plt.show()
```

- 出力：散布図行列

散布図行列で表示してみましょう（リスト6.9）。

【入力プログラム】リスト6.9

```
sns.pairplot(data=df)
plt.show()
```

出力結果

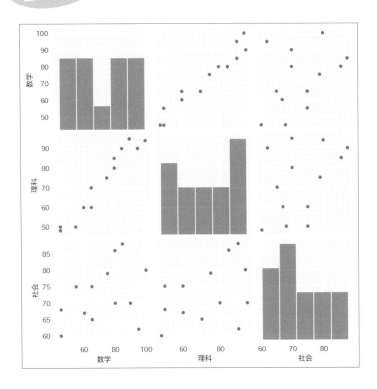

散布図行列は
その名の通り、行列の
ような組み合わせで
散布図を確認できるんだ。

　すべての組み合わせの「散布図」が表示されました。「相関行列」と同じように斜め部分は同じデータ同士なので、散布図の代わりにヒストグラムが表示されています。

　さらにこの上に、回帰直線を表示させてみましょう。オプションで「kind="reg"」と指定します（リスト6.10）。

LESSON
22

【入力プログラム】リスト6.10

```
sns.pairplot(data=df, kind="reg")
plt.show()
```

出力結果

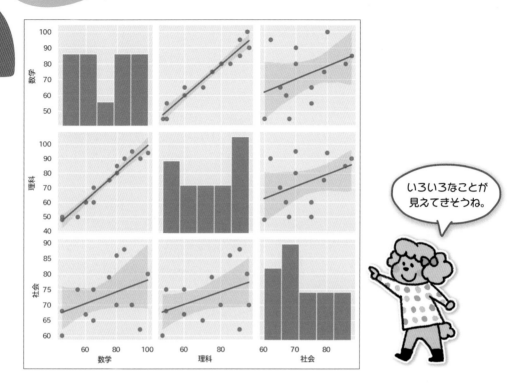

いろいろなことが
見えてきそうね。

　すべての組み合わせの「散布図＋回帰直線」が表示されました。命令はたった2行ですが、たくさんの分析が行われているので、表示されるまでに時間がかかるようになってきます。

アヤメのデータを見てみよう

日本では菖蒲とも書くアヤメ（漢字は同じでも菖蒲（ショウブ）とは違います）。データ分析ではよく利用されるデータセットなんですよ。

もう少し複雑なデータを使ってみようか。機械学習でよく使われている「アヤメの品種」のデータだよ。

どうしてアヤメなの？

昔、イギリスの学者のロナルド・フィッシャーさんが、アヤメの論文を発表したんだけれど、そのデータが機械学習のサンプルデータとしてよく使われてるんだ。そのデータはライブラリの中に入っているので、すぐに使えるんだよ。

ライブラリにサンプルデータが用意されてるなんて便利だね。どんなデータが入ってるの？

LESSON
23

機械学習のscikit-learnライブラリには、「アヤメの品種」や「ボストンの住宅価格」「ワインの種類」「手書きの数字」などが入っている。seabornライブラリには「アヤメの品種」や「レストランのチップの金額」「タイタニック号の生存者」「飛行機の乗客数」などが入っているんだ。

あ！「アヤメの品種」はどっちにも入ってるんだね。

コスモスやタンポポなど、普通の花の付け根には小さい緑色の葉のようなものが付いています。これを「がく」といって、主に花びらを支える役割を持っています。これは実になったときにも残っていて、イチゴでいうとヘタの部分がそうです。ところが、アヤメは不思議な植物で、この「がく」が花びらのように変化したのです。アヤメの大きな花びらのように見える部分が実は3枚の「がく（外花被片）」で、内側に小さく見える3枚のほうが「花びら（内花被片）」なのです。

花びら

がく

がく

イチゴの「へた」も
「がく」なのね。

この不思議なアヤメの「がくの長さ」「がくの幅」「花びらの長さ」「花びらの幅」は品種と関係があるのではないかと、イギリスの学者ロナルド・フィッシャーさんが、1936年に論文を発表しました。現在では、このデータが機械学習の分類のサンプルデータとして使われて、有名なデータになっているのです。

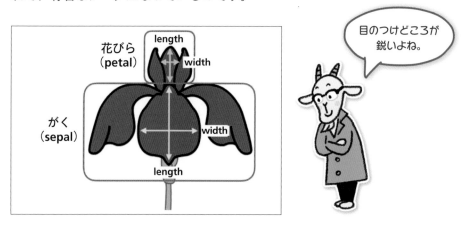

花びら
（petal）

length

width

がく
（sepal）

width

length

目のつけどころが
鋭いよね。

このデータには、「setosa（セトサ：ヒオウギアヤメ）」「versicolor（バージカラー）」「versinica（バージニカ）」という3種類のアヤメの品種データが入っていて、それぞれの「がくの長さ（sepal length）」「がくの幅（sepal width）」「花びらの長さ（petal length）」「花びらの幅（petal width）」の測定値が入っています。

「アヤメの品種」のデータは、seabornライブラリに入っているので、「sns.load_dataset("iris")」と命令するだけで使うことができます（リスト6.11）。

データ分析の命令：アヤメの品種データを読み込む

- 必要なライブラリ：**pandas**、**matplotlib**、**seaborn**
- 命令

```
sns.load_dataset("iris")
```

- 出力：列データの平均値

アヤメの品種データを読み込んで、少し表示させてみましょう。

【入力プログラム】リスト6.11

```
import pandas as pd
import matplotlib.pyplot as plt
import seaborn as sns
sns.set()

df = sns.load_dataset("iris")
df.head()
```

出力結果

	sepal_length	sepal_width	petal_length	petal_width	species
0	5.1	3.5	1.4	0.2	setosa
1	4.9	3.0	1.4	0.2	setosa
2	4.7	3.2	1.3	0.2	setosa
3	4.6	3.1	1.5	0.2	setosa
4	5.0	3.6	1.4	0.2	setosa

seabornにも
入っているのよ。

LESSON
23

　このデータで、「がくの長さ」「がくの幅」「花びらの長さ」「花びらの幅」の、どの関係性が強いのか、相関係数行列で見てみましょう。「species」の列は文字列なので、数値のみで調べます（リスト6.12）。

【入力プログラム】リスト6.12

```
df.corr(numeric_only=True)
```

出力結果

	sepal_length	sepal_width	petal_length	petal_width
sepal_length	1.000000	-0.117570	0.871754	0.817941
sepal_width	-0.117570	1.000000	-0.428440	-0.366126
petal_length	0.871754	-0.428440	1.000000	0.962865
petal_width	0.817941	-0.366126	0.962865	1.000000

さらに、ヒートマップで見てみましょう（リスト6.13）。

【入力プログラム】リスト6.13

```
sns.heatmap(df.corr(numeric_only=True), annot=True, ↵
vmax=1,vmin=-1, center=0)
plt.show()
```

出力結果

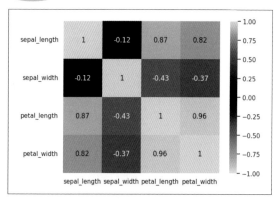

黒は関係が弱いのね。

※ Jupyter Notebook では、マップ内にうまく数値を表示できない場合があります。

　「花びらの長さ（petal_length）」と「花びらの幅（petal_width）」が、熱い色なので相関が強そうですね。「花びらが長くなると、幅も広くなる」ということでしょうか。逆に、

冷たい色の負の相関になっているところもあります。「花びらの長さ（petal_length）」と「がくの幅（sepal_width）」ですが、「花びらが長くなると、がくの幅が狭くなる」ということでしょうか。

　どういうことかよくわからないですね。もう少し具体的なデータの分布を見てみましょう。全体の感じを知りたいので、散布図行列で表示してみます（リスト6.14）。

【入力プログラム】リスト6.14

```
sns.pairplot(data=df)
plt.show()
```

出力結果

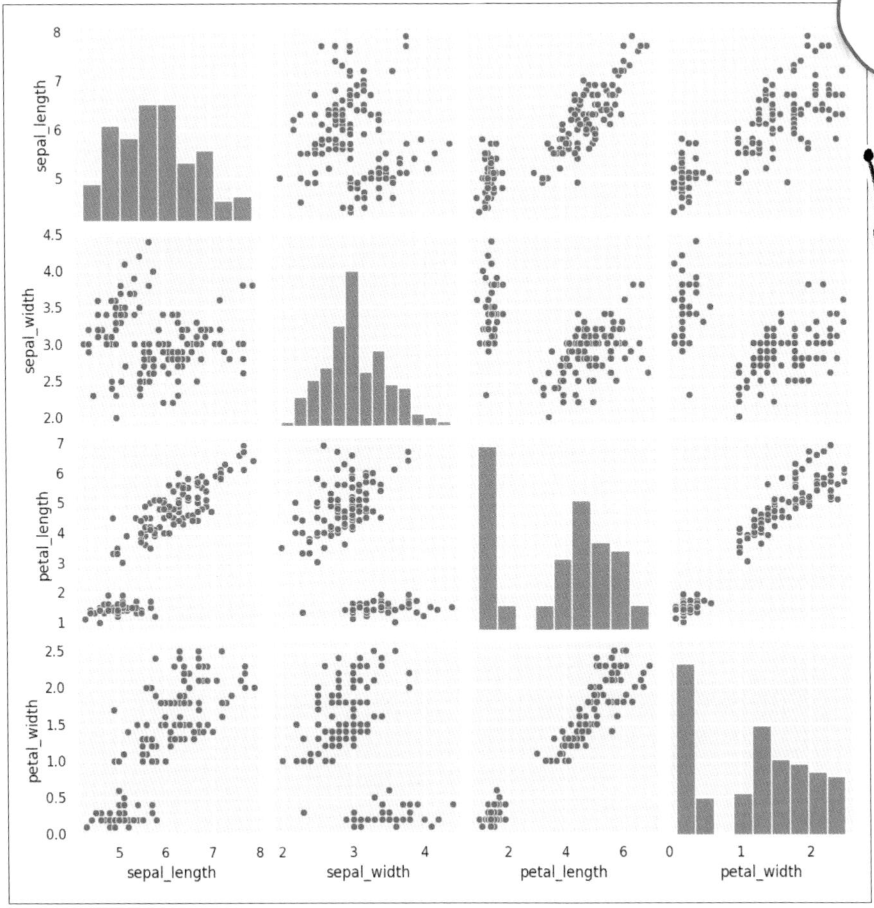

2つのグループに
分かれているのが
わかるかな？

それぞれの散布図は、何となく大小2つのかたまりに分かれていることはわかります。なぜでしょうか。このデータは「3つの品種」が入ったデータですが、その3つの品種が混ざったまま調べているからです。身長のデータでも、男女の2つの要素を分けて調べるとわかりやすくなったように、このデータも品種ごとに分けて調べてみましょう。

もう一度、データを確認してみます（リスト6.15）。

【入力プログラム】リスト 6.15

```
df.head()
```

出力結果

	sepal_length	sepal_width	petal_length	petal_width	species
0	5.1	3.5	1.4	0.2	setosa
1	4.9	3.0	1.4	0.2	setosa
2	4.7	3.2	1.3	0.2	setosa
3	4.6	3.1	1.5	0.2	setosa
4	5.0	3.6	1.4	0.2	setosa

一番右の列が品種の列なのね。

一番右端の「species」の列が品種のデータのようです。「setosa」としか表示されていませんが、他にどんな名前が使われているのでしょうか。ある列データで使われているデータの種類を取り出すには「df["列名"].unique()」という命令が使えます（リスト6.16）。

書式：列データの中でかぶらないユニークなデータをリストアップする

```
df["列名"].unique()
```

【入力プログラム】リスト 6.16

```
df["species"].unique()
```

出力結果

```
array(['setosa', 'versicolor', 'virginica'], dtype=object)
```

setosa、versicolor、virginicaの3つの名前が使われていることがわかりました。

これの品種をそれぞれ別々に調べてみましょう。

列データの中から「ある条件に合うデータを抽出」するには、「データフレーム＝データフレーム[条件]」を使います。例えば「speciesの値が、setosaのものだけ抽出する」には、「df[df["species"]=="setosa"]」と命令します。次ではonespeciesにあらかじめ品種を入れて指定しています。

そうして抽出したデータで、それぞれヒートマップを表示してみましょう（リスト6.17、6.18、6.19）。

【入力プログラム】リスト6.17

```
onespecies = "setosa"

one = df[df["species"]==onespecies]
sns.heatmap(one.corr(numeric_only=True), annot=True, vmax=1, ↵
vmin=-1, center=0)
plt.title(onespecies, fontsize=18)
plt.show()
```

出力結果

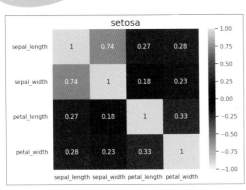

あれ？
今度は色違うわね？

※ Jupyter Notebook では、マップ内にうまく数値を表示できない場合があります。

【入力プログラム】リスト6.18

```
onespecies = "versicolor"

one = df[df["species"]==onespecies]
sns.heatmap(one.corr(numeric_only=True), annot=True, vmax=1, ↵
vmin=-1, center=0)
```

LESSON
23

```
plt.title(onespecies, fontsize=18)
plt.show()
```

出力結果

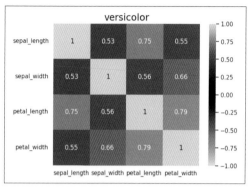

色が鮮やかに
なったわ！

※ Jupyter Notebook では、マップ内にうまく数値を表示できない場合があります。

【入力プログラム】リスト6.19

```
onespecies = "virginica"

one = df[df["species"]==onespecies]
sns.heatmap(one.corr(numeric_only=True), annot=True, vmax=1, ↵
vmin=-1, center=0)
plt.title(onespecies, fontsize=18)
plt.show()
```

出力結果

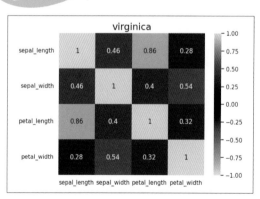

市松模様みたい！

※ Jupyter Notebook では、マップ内にうまく数値を表示できない場合があります。

品種で分けて見ると寒い色がなくなりました。負の相関はなかったのですね。全体的に正の相関ですが、品種によって強さに違いがあることがわかります。

例えば「setosa」を見ると、全体的に暗く、全体的に相関は弱そうですが、「がくの長さ（sepal_length）」と「がくの幅（sepal_width）」だけは強い相関があることがわかります。「versicolor」を見ると、全体的に明るく、全体的に相関は強そうで、こちらは「花びらの長さ（petal_length）」と「花びらの幅（petal_width）」に強い相関があるようです。

もう少し具体的なデータの分布も見てみたいので、「setosaだけの散布図行列」を表示させてみましょう。回帰直線も一緒に表示してみます（リスト6.20）。

【入力プログラム】 リスト 6.20

```python
onespecies = "setosa"

one = df[df["species"]==onespecies]
sns.pairplot(data=one, kind="reg")
plt.show()
```

点がまとまっていて関係性がありそうなのは、左上にある sepal_length と sepal_width と、sepal_width と sepal_length の散布図だ。回帰直線を見るとまわりの薄い部分も少ないね。

出力結果

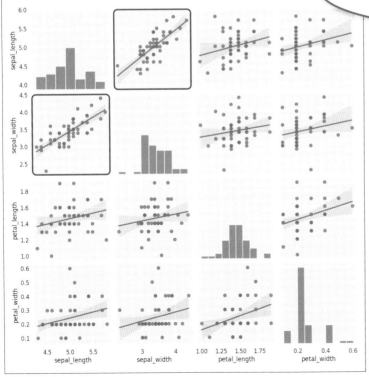

LESSON
23

この結果を見ても、「がくの長さ（sepal_length）が長くなると、がくの幅（sepal_width）も広くなる」という相関が強くて、それ以外の相関は弱そうだとわかります。

この散布図行列ですが、品種で別々に表示させるのではなく、色違いで重ねて表示すれば、品種間の特徴がわかりやすくなるかもしれません。品種で分類分けして表示してみましょう。

「ある列の値で分類分けして表示させる」には「hue="列名"」というオプションを指定するだけです（リスト6.21）。

【入力プログラム】リスト6.21

```
sns.pairplot(data=df, hue="species")
plt.show()
```

出力結果

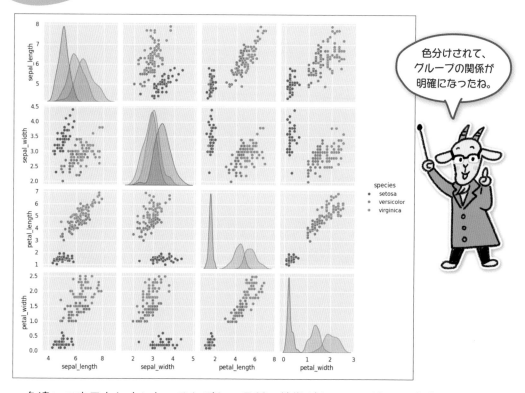

色分けされて、グループの関係が明確になったね。

色違いで表示されました。それぞれの品種に特徴があって、グループができているように見えます。versicolor（オレンジ）とvirginica（緑）は近い位置にいて、setosa（青）は少し離れた位置にいるようです。大小2つのかたまりに見えたのはこういうことだったのですね。

さらに先へ進もう

 ハカセ！ このアヤメの青と緑とオレンジのグループは何か特徴がありそうだけど、違いがバシッとわかる方法はないの？

 こういう区別は、機械学習でするのがいいよね。データを学習させて、がくの長さと幅や花びらの長さと幅を渡せば、どの品種なのかを予測できるようになるんだ。

 すっご〜い。データ分析って機械学習につながっていたんだね。

 機械学習もデータ分析と同じように、「大量のデータから傾向を見つけ出して、法則を発見するための技術」なんだ。「大量の犬と猫の写真」を学習させて法則を発見できたら、別の写真を見せて犬か猫かを判定できるようになる。「大量のゴッホの絵」を学習させて法則を発見できたら、ゴッホっぽいタッチの絵を描いたりできるようにもなる。

 へぇ〜！ おもしろ〜い。

 機械学習もデータ分析も、「データを集めて問題を解決する技術」だ。でも、人間が「何が問題で、何のために行うのか（データ分析するのか、機械学習を使うのか）」をちゃんと意識しておくことが重要なんだよ。

 そっか。プログラムは、ただ「機械的」にやってるだけだもんね。

 それに、データ分析だってまだまだ終わりじゃないよ。今回やったのはほんの入り口だけだ。やってないことのほうが多いんだよ。

 え〜っ！ そうなの？

LESSON
23

 データ分析はまだまだ奥が深い。難しいことが出てくるかもしれないけど、公式をおぼえることが目標になっちゃだめだよ。どういう意味があるのかを理解することが重要だ。「データ分析では、意味を読み解くこと」が重要なんだからね。

 難しい計算は、Pythonくんに任せればいいしね。

索引

● 著者プロフィール

森 巧尚（もり・よしなお）

『マイコンBASIC マガジン』（電波新聞社）の時代からゲームを作り続けて、現在は
コンテンツ制作や執筆活動を行い、関西学院大学非常勤講師、関西学院高等部非常勤
講師、成安造形大学非常勤講師、大阪芸術大学非常勤講師、プログラミングスクール
コプリ講師などを行っている。
近著に、『Python2年生 スクレイピングのしくみ 第2版』、『ChatGPTプログラミング
1年生』、『Python3年生 ディープラーニングのしくみ』、『Python2年生 デスクトップ
アプリ開発のしくみ』、『Python1年生 第2版』、『Python3年生 機械学習のしくみ』、
『Java1年生』、『動かして学ぶ！ Vue.js開発入門』（いずれも翔泳社）、『ゲーム作りで
楽しく学ぶオブジェクト指向のきほん』『ゲーム作りで楽しく学ぶ Pythonのきほん』、
『アルゴリズムとプログラミングの図鑑 第2版』（いずれもマイナビ出版）などがある。

装丁・扉デザイン	大下 賢一郎
本文デザイン	リブロワークス
装丁・本文イラスト	あらいのりこ
漫画	ほりたみわ
編集・DTP	リブロワークス
校正協力	佐藤 弘文

**Python 2年生
データ分析のしくみ 第2版**

体験してわかる！ 会話でまなべる！

2024 年 6 月 17 日 初版第 1 刷発行

著　　　者	森 巧尚（もり・よしなお）
発　行　人	佐々木 幹夫
発　行　所	株式会社翔泳社（https://www.shoeisha.co.jp）
印刷・製本	株式会社シナノ

ISBN978-4-7981-8262-9
Printed in Japan